Marko Sarstedt

Optimiertes Babymanagement

Den Elternalltag mit betriebswirtschaftlichen Methoden perfektionieren

2., erweiterte Auflage

Marko Sarstedt
Magdeburg, Deutschland

ISBN 978-3-658-19456-7 ISBN 978-3-658-19457-4 (eBook)
DOI 10.1007/978-3-658-19457-4

Die Deutsche Nationalbibliothek verzeichnet diese Publikation in der Deutschen Nationalbibliografie; detaillierte bibliografische Daten sind im Internet über http://dnb.d-nb.de abrufbar.

Springer Gabler

Einbandabbildung: Janina Lettow

Gedruckt auf säurefreiem und chlorfrei gebleichtem Papier

Springer Gabler ist Teil von Springer Nature
Die eingetragene Gesellschaft ist Springer Fachmedien Wiesbaden GmbH
Die Anschrift der Gesellschaft ist: Abraham-Lincoln-Str. 46, 65189 Wiesbaden, Germany

Inhalt

Stimmen zum Buch

Das Babymanagement zählt sicherlich zu den Bereichen, in denen (zumindest im betriebswirtschaftlichen Sinn) am meisten Missmanagement betrieben wird. Auf treffsichere, anschauliche, dabei amüsante Weise schließt das Buch daher eine wichtige Lücke für werdende und junge Eltern, die zudem ihre betriebswirtschaftlichen Kenntnisse auffrischen wollen.
Professor Dr. Uta Herbst, Universität Potsdam

Früher, als alle noch fünf bis zehn Kinder hatten, war es einfach. Doch das heute übliche Ein-Kind-Projekt bedarf eines optimalen Managements von Elterngeld und -zeit. Ohne betriebswirtschaftliche Methodenkenntnisse sind schwerwiegende Fehler vorprogrammiert. Schlecht konfigurierte Kinderwagen, Mängel im Windelbestand oder ein falscher Babybrei führen nicht nur zu realen und psychischen Elternkosten, sondern beim Baby zu Traumata, welche die spätere Hochschullaufbahn gefährden. Insofern sollten alle Neumütter und -väter für diesen besonderen Elternratgeber dankbar sein.
Professor Dr. Dr. h.c. Bernd Stauss

The German Parliament should urgently pass a law making this book mandatory reading for all soon-to-be parents. Failure to read the book prior to having children should be punished severely by subjecting perpetrators to at least 48 hours of non-stop Schlagermusik.
Prof. DDr. Adamantios Diamantopoulos

Controller
of the Universe

Nachwuchs als ein betriebswirtschaftliches Planungsproblem

Einen Moment hat es gedauert, bis Dirk verstanden hat, was ihm Anne gerade vor sein Gesicht hält. Mit einer Mischung aus Überraschung und Freude bringt er nur ein „Zwei Striche – wir sind schwanger" hervor. Keine Sekunde später setzt er an, sich zu korrigieren, schließlich sind es streng genommen nicht „wir", die schwanger sind, sondern, wenn überhaupt jemand, dann Anne. Allerdings scheint ihm dann doch nicht ganz der richtige Zeitpunkt für Reflexionen über gängige Schwangerschaftsfloskeln gekommen zu sein, und er verkneift sich den Einschub. In Dirks Freude über die guten Neuigkeiten mischt sich auch etwas Erleichterung, denn tatsächlich hat sich das Projekt Nachwuchsproduktion als deutlich komplizierter erwiesen als ursprünglich angenommen. Kurz nachdem sie in die Projektumsetzung eingestiegen sind, mussten Anne und Dirk feststellen, dass das zeugungsrelevante Zeitfenster sehr beschränkt ist. Diesem Umstand konnte Dirk glücklicherweise durch die Implementierung eines rigiden Just-in-Time-Managements Rechnung tragen, bei dem der Zeugungsakt unter Berücksichtigung aller relevanten Parameter optimal realisiert wurde.

So weit so gut – aber jetzt steht das fertige Produkt ins Haus. Was das alles für planerische Herausforderungen nach sich zieht! Das dürfte sogar die Unternehmensfusion in den Schatten stellen, die Dirk vor zwei Jahren als Controller bei seinem Arbeitgeber, einem der größten deutschen Versicherungskonzerne, betreut hat. Damals hat er quasi im Alleingang alle wesentlichen Prozesse der Fusion geplant, koordiniert und kontrolliert. Sein firmeninterner Spitzname „Controller of the Universe" stammt aus genau dieser Zeit, als er unzählige Excel-Listen zur optimalen Planung und Steuerung der Prozesse erstellt hat. Aber Nachwuchs? Das ist eine ganz andere Nummer. Was man da alles falsch machen kann! Ein Name muss gefunden werden, der sich nicht nur mit einem Doktortitel (und vielleicht sogar Professorentitel!) kombinieren lassen muss, sondern der auch maximale soziale Akzeptanz garantiert. Das Kinderzimmer muss eingerichtet werden – nicht irgendeine unbedeutende Abstellkammer, sondern das Zimmer, in dem Dirk seinem Sprössling Gute-Nacht-Geschichten aus dem Branchenklassiker *Controlling for Kids* vorlesen wird. Ein passender Kinderwagen, der Inbegriff väterlicher Männlichkeit, wesentlicher Baustein des elterlichen Sozialprestiges und ein Kostenfaktor, der es mühelos mit einem Kleinwagen aufnehmen kann, muss gekauft werden. Und nach der Geburt wird es nicht einfacher! Wie viele Windeln soll ich bevorraten? Ist aus Kostengesichtspunkten eine Babybreieigenproduktion dem Fremdbezug vorzuziehen? Und wie soll das nächtliche Aufstehmanagement organisiert werden, um den gesamtelterlichen Nutzen zu maximieren?[1]

Hinzu kommt die gestiegene zeitliche Beanspruchung junger Eltern. Dirks Analysen des Freizeitbudgets (Freizeit in Stunden pro Tag) vor beziehungsweise nach der Geburt zeigen einen klaren Trend an (Abbildung 1). Die Freizeitkurve verläuft zunächst stabil (Anbahnungsphase), erfährt mit der Geburt einen gravierenden Strukturbruch, der ein Abfallen des Freizeitbudgets mit sich bringt (Realisationsphase). Nachfolgend bewegt sich das Freizeitbudget zunächst auf Nullniveau und regeneriert sich erst wieder langsam (Regenerationsphase), um nach ca. 18 Jahren das Ursprungsniveau zu erreichen.

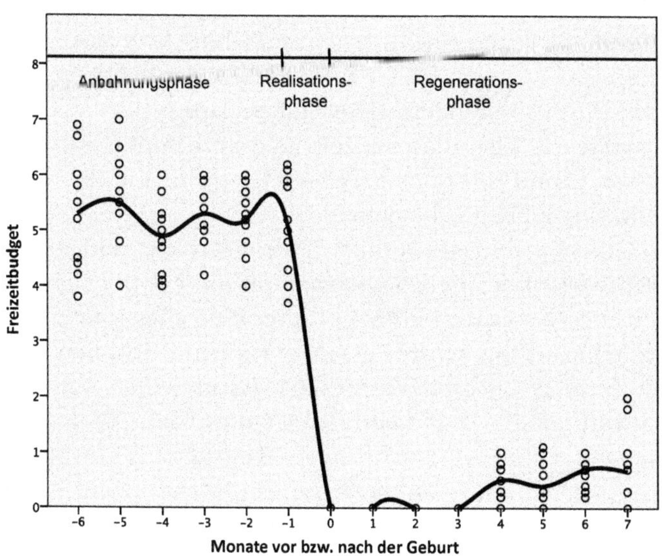

Abbildung 1: Freizeitkurve vor und nach der Geburt

Dirk ahnt schon, dass das Elterndasein bei so vielen planerischen Herausforderungen gepaart mit ausgeprägten Zeitrestriktionen schnell von dem in den Medien illustrierten Ideal der stets zufriedenen Eltern, die mit einem omnilächelnden und süß aussehenden Baby entspannt im Straßencafé sitzen und ihren Bio-Latte-Macchiato mit Soja-Milch schlürfen, abweichen könnte. Schnell erscheinen vor Dirks geistigem Auge Bilder nachhaltig verarmter Eltern, deren Versuche, ihren kleinen Justin zu beruhigen, so hilflos wirken wie eine unbewaffnete UN-Blauhelmtruppe inmitten einer aufgeputschten kongolesischen Rebellenmiliz. Welche Nutzeneinbußen daraus für Eltern, aber letztendlich auch den Nachwuchs resultieren! Aber das muss nicht sein: Mit dem frühzeitigen Einsatz der richtigen Planungs- und Optimierungstechniken lassen sich diverse Aspekte des Elterndaseins zeit- und kostenoptimal handhaben – und so kann gravierenden Fehlentwicklungen frühzeitig Einhalt geboten werden.

Glücklicherweise verfügt Dirk über die nötige betriebswirtschaftliche Kompetenz, um die bevorstehenden Herausforderungen optimal in Angriff nehmen und damit die Nutzeneinbußen abwenden zu können. Nicht umsonst hat er zehn Semester Wirtschaftswissenschaften mit den Schwerpunkten Unternehmensplanung, Controlling und Marketing studiert. Auch seine sieben Jahre Berufserfahrung sollten ihm die notwendigen Management-Tools vermittelt haben, um alle noch so komplexen Planungs- und Optimierungsprobleme meistern zu können.

Im Gegensatz zu Dirk ist Anne eine Verfechterin des „Durchwurstelns". Sie hat keine größeren Ambitionen, ständig weit im Voraus zu planen und alle Aspekte des täglichen Lebens zu optimieren. Vielmehr reicht es ihr, in der Regel eine befriedigende Lösung zu erreichen, und passt gegebenenfalls ihr Anspruchsniveau den Umfeldbedingungen an. Dementsprechend hat Anne über die Jahre gelernt, mit Dirks Optimierungsbemühungen umzugehen. Mittlerweile ist sie ihnen gegenüber sogar aufgeschlossen, zumal Dirk die Übernahme der familiären Leitungsfunktion in diesen Bereichen sehr viel Freude bereitet. Hin und wieder übertreibt er es allerdings. So wie bei ihrer Hochzeit. Damals hat Dirk beispielsweise versucht, dem Standesbeamten die Farbe des Hemdes und der Krawatte vorzuschreiben. Auch seine Bitte, die Hochzeitstauben passend zur Blumendekoration rot einzufärben, kam beim lokalen Taubenzüchterverein weniger gut an. „Das waren aber nur Ausreißer", denkt Anne. „Bei unserem ersten gemeinsamen Kind wird er sich sicherlich zurückhalten." Das ist freilich eine Einschätzung, die sie schon bald revidieren muss.

---

1 Natürlich erfolgt die Beantwortung dieser Fragen unter Nennung von Personen und Markennamen. In den meisten Fällen sind diese frei erfunden. Bei realen Markennamen hat der Autor keinerlei Verbindung zu den dahinter stehenden Unternehmen.

Emil
Namensliste
Emil
Jakob
Das große Namensbuch

Karriereoptimierte Namenswahl mit Name Concept Maps

Das Problem

Seitdem klar ist, dass sie einen Jungen erwarten, widmet Dirk dem Thema Namenswahl jede freie Minute, denn er weiß: Der Erfolgsbeitrag einer passenden Namenswahl für den weiteren Werdegang des Nachwuchses kann kaum zu hoch eingeschätzt werden. Aus diversen Studien hat Dirk gelernt, dass einige Vornamen mit Vorurteilen belastet sind und sich sogar negativ auf die schulische Leistungsbewertung von Kindern auswirken können. So würden Grundschullehrer ihr Kind zwölfmal lieber Adolf (ein Name, der aus naheliegenden Gründen ausfällt) als Justin nennen. Mit Justin wäre der Weg zum Vorstandsvorsitzenden also schon ausgeschlossen, bevor die Karriere überhaupt begonnen hat! Auch mit Kevin scheint der Weg zu Hartz IV, „Frauentausch" und „Raus aus den Schulden" programmiert („Kevin ist kein Name, sondern eine Diagnose").[2] Dem Sprössling würde sogar ein Doktortitel verwehrt bleiben, und Dirks erste Entwürfe für die Laudatio während der Promotionsfeierlichkeiten wären obsolet! Dirk wäre natürlich ein großartiger Name, aber der notwendige Zusatz „Jr." ist selbst mit dem besten Willen nicht vertretbar, was Anne mit dem Kommentar „Vorher würde ich mir einen rostigen Nagel ins Knie rammen" subtil auf den Punkt bringt. Dirks Recherchen hinsichtlich möglicher Variationen seines eigenen Vornamens auf www.chantalisator.de bringen wenig erbauliche Vorschläge wie Derek-Farrell, Derek-Guy oder Derek-Dylan hervor, die er aus nachvollziehbaren Gründen verwirft. Andere Vornamen hören sich so an, als ob man sie höchstens ironischerweise seinem Haustier geben würde. Anakin, Aragorn oder Elvis? Lustig, vorausgesetzt, es sind nicht die eigenen Kinder. Wieder andere Vornamen wie Daniel, Martin oder Simon bestechen durch ihre Durchschnittlichkeit und lassen nichts Außergewöhnliches für die persönliche Karriere erwarten.

„Welche gravierenden Konsequenzen eine suboptimale Namenswahl für den Sprössling haben kann", denkt Dirk. Solch eine wegweisende Entscheidung darf also nicht aus hormonell verzerrten Präferenzen während der Schwangerschaft, sentimentalen Bezügen zu verstorbenen Verwandten oder gar der Stimmung im Kreißsaal erwachsen. Letzteres scheint besonders problematisch, wenn man bedenkt, dass das Wort Kreißsaal nicht von Kreis, sondern von dem mittelhochdeutschen Wort für kreischen kommt und Anne darum in dieser Räumlichkeit ganz andere Vornamen in Betracht ziehen wird.

Der Vorname ist eine potenzielle Unique Selling Proposition, deren Etablierung eine detaillierte Analyse erfordert! Es gilt also, die Vorteilhaftigkeit eines Vornamens systematisch und frühzeitig durch eine Überprüfung der entsprechenden Namensassoziationen sicherzustellen.

Die Lösung

Um ein Set passender Vornamensoptionen zu generieren, deckt sich Dirk zunächst mit den Top-20-Büchern zur Namenskunde ein. *Das große Vornamenlexikon, Der Vornamenfinder* und *Das große Buch der 10.000 Vornamen* beansprucht er fortan mehr als jedes andere literarische Werk in seinem gesamten Leben, wahrscheinlich sogar mehr als alle Werke zusammen. Die akribische Analyse aller Vornamenoptionen unter Berücksichtigung der neuesten Fachliteratur zum Thema Onomastik bringt zwei geeignete Vornamen hervor: Emil und Jakob. Aus Dirks Sicht sind beide Namen eher traditionell, bürgerlich, aber gleichzeitig modern angehaucht und stellen ein hervorragendes Bindeglied zwischen dem Doktortitel und seinem Nachnamen dar. Aber welcher Vorname ruft vorteilhaftere Namensassoziationen hervor?

Um diese Frage zu beantworten, beschließt Dirk, das in der Marktforschung etablierte Verfahren der *Brand Concept Maps* zu adaptieren, welches ursprünglich zur Erfassung und Abbildung von Markenassoziationen entwickelt wurde.[3] Ziel der Analyse ist es, das Wahrnehmungsbild von Vornamen in Form eines semantischen Netzwerks abzubilden (daher *Name Concept Map*). Solche Netzwerke bestehen aus Knoten, welche die (negativen, neutralen oder positiven) Assoziationen mit einem Namen beschreiben, sowie Kanten, welche die Beziehungen zwischen den Assoziationen und dem Namen wiedergeben. Die Erstellung einer Name Concept Map erfolgt in drei Schritten.

(1) Identifikation von Namensassoziationen

Im ersten Schritt (Elicitation Stage) muss Dirk möglichst viele Begriffe sammeln, die mit den Namen Emil und Jakob in Verbindung gebracht werden. Da eine gewisse Heterogenität in den Einschätzungen der Namen je nach Zielgruppe zu erwarten ist, beschränkt sich Dirk zunächst auf den Kreis der pädagogischen Berufsgruppen. Diese Zielgruppe entscheidet zukünftig über das Wohl des Sprösslings und ist damit aus Karrieregesichtspunkten besonders relevant. Aus diesem Grund lädt Dirk befreundete Kindergärtnerinnen, Grund-, Gymnasial- und Hochschullehrer zu sich nach Hause ein und bittet sie, so viele Begriffe wie möglich zu nennen, die ihnen zu den beiden Namen einfallen. Um die Erstellung der Name Concept Map handhabbar zu machen, werden nur Namensassoziationen, die von mindestens 50 Prozent aller Befragten genannt wurden, in den nächsten Analyseschritt überführt. Tabelle 1 zeigt die aus dem ersten Analyseschritt resultierenden Namensassoziationen.

(2) Konstruktion der individuellen Name Concept Maps

Im zweiten Schritt (Mapping Stage) gilt es, Verbindungen zwischen den zuvor identifizierten Namensassoziationen zu ziehen. Zudem gilt es, der Stärke der Beziehungen zwischen dem Vornamen und den Begriffen mit Hilfe von Verbindungslinien Ausdruck zu verleihen: je dicker die Linie, desto ausgeprägter die Assoziation. Zuletzt soll jeder Befragte angeben, ob der betreffende Begriff eher positiv, neutral oder negativ konnotiert ist.

Emil	Jakob
Email	altmodisch
Emil Nolde	Bruder Jakob
Emil und die Detektive	Jakobsmuscheln
frech	Jakobsweg
fröhlich	Jacob Sisters
intelligent	konservativ
niedlich	langweilig
Spaghetti Emiliana	stark
	zuverlässig

Tabelle 1: Namensassoziationen

(3) Aggregation der Name Concept Maps

Im letzten Schritt (Aggregation Stage) aggregiert Dirk die individuellen Name Concept Maps in namenspezifische Consensus Maps. Diese zeigen die am häufigsten auftretenden Assoziationen und ihre Verbindungen auf und zeigen an, ob die assoziierten Begriffe mehrheitlich negativ, neutral oder positiv beurteilt werden.

Ein Vergleich der resultierenden Name Concept Maps in Abbildung 2 zeigt, dass der Name Emil mit positiv beurteilten Begriffen wie dem bekannten Kinderbuch *Emil und die Detektive* und Adjektiven wie *fröhlich* und *intelligent* assoziiert wird. Zudem bestehen Assoziationen mit *Spaghetti Emiliana* und *Emil Nolde,* die ebenfalls positiv beurteilt werden. Letztere Einschätzung gefällt Dirk, besticht der Expressionismus doch durch Reduzierung der Motive

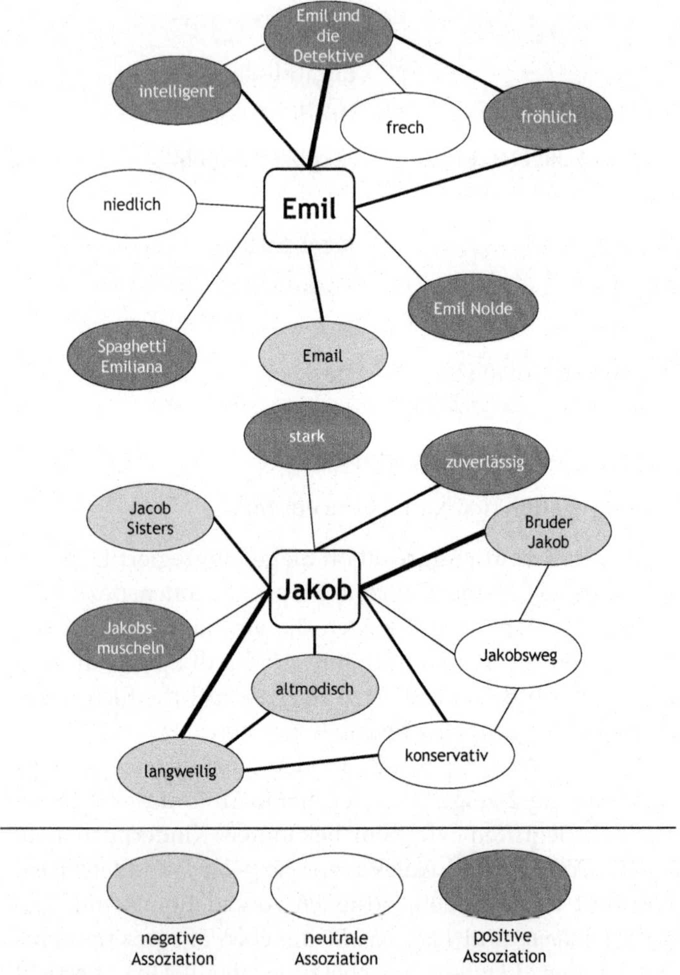

Abbildung 2: Aggregierte Name Concept Maps

auf wenige zentrale Formelemente. Neben zwei Assoziationen mit neutralen Begriffen existiert auch eine Assoziation mit dem Begriff *Email,* der negativ eingeschätzt wird; anscheinend haben die Befragten Bedenken, dass die automatische Rechtschreibkorrektur mancher Textverarbeitungsprogramme Probleme bereiten könnte.

Im Vergleich zu Emil werden die mit dem Namen Jakob assoziierten Begriffe deutlich schlechter bewertet. Jakob erscheint *altmodisch* und *langweilig*. Am gravierendsten ist jedoch die Assoziation mit den *Jacob Sisters* („Gartenzwerg-Marsch"), die den Namen endgültig unhaltbar macht. Auch die Assoziationen mit *Jakobsmuscheln* und den Adjektiven *stark* und *zuverlässig* können diesen Makel nicht ausgleichen.

Durch die Erstellung von Name Concept Maps ist es Dirk gelungen, den optimalen Vornamen für seinen Sprössling unter Berücksichtigung der für die berufliche Karriere relevanten Zielgruppe zu identifizieren: Emil!

Natürlich sieht Dirk auch die Limitationen seiner Analyse, gibt es doch weitere Zielgruppen, die er bislang nicht berücksichtigt hat. Allen voran gilt es natürlich, die Attraktivität des Vornamens für potenzielle Partner zu berücksichtigen. Ein Blick in die (Dirk zuvor unbekannte) Internetzeitung *Der Postillon* und die dortige Beschreibung einer Studie des Max-Planck-Instituts für Gesellschaftsforschung beruhigt ihn aber in dieser Hinsicht.[4]

Köln (dpo) – Wissenschaftler des Max-Planck-Instituts für Gesellschaftsforschung in Köln haben heute erste Ergebnisse einer neuen Studie über Sexualität und Partnerschaft bekanntgegeben. Demnach sind männliche Wissenschaftler die idealen Sexualpartner für attraktive Frauen.

„Unsere Befunde sind eindeutig", erklärte Prof. Dr. Bernhard Winden, der Leiter der Studie, bei einer Pressekonferenz. „Während unattraktive Frauen am besten bei Machos, Bodybuildern und anderen Rowdys aufgehoben sind, sollten sich attraktive Frauen einen Wissenschaftler als Sexualpartner suchen – egal, wie er aussieht."

Die Studie, die laut Winden aufgrund ihres komplizierten Algorithmus für Laien nicht zu verstehen sei, belege deutlich, dass sich hinter den Brillen, Zahlenkolonnen und Büchern von Wissenschaftlern ausgezeichnete Liebhaber verstecken. Attraktive Frauen müssten nur auf sie zugehen.

Winden bot attraktiven, bei der Pressekonferenz anwesenden Frauen an, weitere Fragen im Anschluss „unter vier Augen zu klären".

Ohne es zu ahnen, hat Dirk mit der karriereoptimierten Namenswahl (insbesondere im Hinblick auf einen Doktortitel) auch das Partnerproblem hinreichend gelöst. Er betrachtet das Projekt Namenswahl daher als erfolgreich abgeschlossen.

Die Lösung

---

[2] Kaiser, A. (2010). Der Vorname in der Grundschule – Klangwort, Modewort oder Reizwort? *Die Grundschulzeitschrift*, 24(238/239), 26-29.

[3] John, D.R., Loken, B., Kim, K., Monga, A. B. (2005). Brand Concept Maps: A Methodology for Identifying Brand Association Networks, *Journal of Marketing Research*, 43(4), 549-563.

[4] Siehe http://www.der-postillon.com/2010/06/neue-studie-wissenschaftler-sind-ideale.html.

Kinderwagenkonfiguration mit der Choice-based Conjoint Analyse

Das Problem

Kinderwagenkauf ist Männersache. Ein Kinderwagen ist mehr als ein Stück Metall und Plastik mit vier Rädern und einem Verdeck. Analog zum Automobil ist solch ein Gefährt ein Statement, ein Ausdruck männlicher Dominanz, ein Statussymbol. Es bietet die Möglichkeit, sich vom Mob mit seinen wurmstichigen rumpelnden Gefährten der Holzklasse abzuheben.

Neben seiner Repräsentationsfunktion muss ein Kinderwagen aber auch einige funktionale Eigenschaften aufweisen, die dem werdenden Vater zunächst gar nicht bewusst sein mögen. So muss er auch mal als Prellbock herhalten, um die Meute schlecht gelaunter, kinderloser U-Bahn-Fahrgäste aus dem Weg zu räumen. Da muss schon etwas Solides her, ein Hightech-Kinderwagen, mit dem man gleichzeitig das soziale Umfeld begeistern kann, schließlich möchte man nicht als Vorlage für billige Witze herhalten. Glücklicherweise hat Škoda mit dem RS Mega Man-Pram bereits einen passenden Kinderwagen entwickelt (Abbildung 3). Allerdings handelt es sich zu Dirks

Enttäuschung um einen unverkäuflichen Prototypen, der in einem Werbespot für den Octavia RS zum Einsatz kam.

Abbildung 3: Škodas RS Mega Man-Pram (Quelle: Škoda)

Ein erster Besuch im *New Baby Megastore & More* soll daher Klarheit hinsichtlich des Kinderwagenangebots und Dirks Consideration Sets schaffen. Während Anne bei der Umstandsmode und den Fläschchen herumlungert, schleicht Dirk um die (zugegebenermaßen unbeschreiblich teuren) Wagen mit den einzeln aufgehängten und federgelagerten Speichenfelgen. „Wahnsinn, den wende ich Dir auf der Fußmatte", denkt Dirk, während er anerkennend gegen die Vollgummireifen des Bugaboo-Luxusgefährts tritt. Aber Bugaboo? Das hört sich an wie das freundliche Schlossgespenst. „Da bin ich bei meinen Kumpels Kalle, Keek und Schlucke sofort unten durch." Auch andere

Kinderwagen disqualifizieren sich schon alleine aufgrund des Markennamens. ABC Design? Der Name hat mit einem Kinderwagen etwa so viel zu tun wie ein Fichten-Duftbäumchen mit einem Waldspaziergang. Teutonia? Nicht schlecht, aber die Assoziation mit der Schlacht im Teutoburger Wald ist dann doch etwas viel des Guten.

Mit Peg-Pérego kann sich Dirk allerdings anfreunden. Aus marketingwissenschaftlichen Studien weiß er, dass Produkte schneller und agiler wirken, wenn sie Markennamen tragen, die den Vorderzungenvokal „e" beinhalten.[5] Gleichzeitig hat Peg-Pérego mit dem Modell „Book Plus" einen Wagen im Angebot, der die Bezeichnung „SUV unter den Kinderwagen" verdient hat. Damit sollte eine noch so große Meute kinderloser Konsumjunkies mühelos von jedem Bürgersteig geräumt werden können.

Auch konnte sich Dirk nach kürzester Zeit für ein Modell und für diverses Zubehör wie die Handy- und Latte-Macchiato-Halterungen entscheiden. Bei anderen Kinderwageneigenschaften plagen ihn allerdings Konflikte. Soll die Gestellfarbe lieber schwarz oder silber sein? Wie kombiniert er die Gestellfarbe am besten mit dem Sitzdesign? Und wie sieht es mit so wichtigen Accessoires wie einem Sonnenschirm aus? Dieser mag zwar praktisch sein, sorgt aber nicht gerade für ein ästhetisches Feuerwerk. Fragen über Fragen! Von dieser Komplexität überfordert, verlässt Dirk den *New Baby Megastore & More* und beschließt, das Thema Kinderwagenkauf professioneller anzugehen.

Die Lösung

Da Dirk die feinen Farb- und Materialunterschiede nach zwei Wochen sowieso nicht mehr auseinanderhalten kann, beschließt er, seinen eigenen Geschmack außer Acht zu lassen und den sozialen Status, der mit dem Kinderwagen assoziiert wird, zu maximieren. Um das optimale Kinderwagendesign hinsichtlich dieser Zielsetzung zu realisieren, entscheidet er sich für eine Befragung seiner Freunde und Bekannten mit dem in der Marketingpraxis gängigen Verfahren der Choice-based Conjoint Analyse (CBC).[6] Das Ziel der CBC besteht darin zu untersuchen, welchen Wertbeitrag einzelne Kinderwageneigenschaften (z.B. das Sitzdesign) und Eigenschaftsausprägungen (z.B. blau, braun oder schwarz) zum Gesamtnutzen eines Produktes haben. Der Kinderwagen wird also als Bündel von Nutzenkomponenten aufgefasst, wobei jede Komponente einen Beitrag zum Gesamtnutzen der Befragten stiftet (daher der Name „CONsidered JOINTly"). Hierdurch kann Dirk untersuchen, welche Eigenschaften und Eigenschaftsausprägungen des Kinderwagens tatsächlich den größten Nutzen stiften.

Die Berechnung der Nutzenbeiträge, die auch als Teilnutzenwerte bezeichnet werden, erfolgt bei der CBC auf Grundlage von Auswahlentscheidungen (daher der Zusatz „Choice-based"), welche die Befragten zuvor hinsichtlich verschiedener Kinderwagenkonfigurationen vornehmen. Etwas vereinfacht umfasst die CBC drei Schritte.

Im ersten Schritt muss Dirk die Eigenschaften und Eigenschaftsausprägungen für die Analyse festlegen. Die gewählten Eigenschaften müssen hierbei für die Kaufentscheidung relevant und weitestgehend voneinander unabhängig sein, das heißt, der Nutzen einer Eigenschaftsausprägung darf nicht von der Ausprägung einer anderen Eigenschaft abhängen. Zudem sollten die Eigenschaften in einer kompensatorischen Beziehung stehen, das heißt, weniger wünschenswerte Ausprägungen einer Eigenschaft sollten durch Ausprägungen anderer Eigenschaften in gewissem Maß ausgeglichen werden können. Zuletzt ist bei der Auswahl der Eigenschaften und Ausprägungen zu beachten, dass die Datenerhebung im Rahmen der CBC sehr aufwändig ist. Vor diesem Hintergrund darf die Anzahl der Eigenschaften und Ausprägungen pro Eigenschaft nicht zu groß sein. Dirk beschließt daher, die Analyse auf einige ausgewählte Eigenschaften und Eigenschaftsausprägungen zu beschränken. Glücklicherweise hat Dirk in den letzten Wochen jede freie Minute in die Kinderwagenrecherche investiert. So weiß er, dass die in Tabelle 2 dargestellten Eigenschaften und Eigenschaftsausprägungen entscheidend für die Kinderwagenauswahl sind und generell in einer gewissen kompensatorischen Beziehung stehen.

Eigenschaft	Eigenschaftsausprägung
Sitzdesign	blau, braun, schwarz
Gestellfarbe	anthrazit, schwarz, silber
Sportsitz	ja, nein
Sonnenschirm	ja, nein

Tabelle 2: Eigenschaften und Eigenschaftsausprägungen

Im nächsten Schritt müssen die Befragten ihre Präferenzen hinsichtlich verschiedener Kinderwagenkonfigurationen zum Ausdruck bringen. Hierfür gilt es zunächst, Kombinationen von Eigenschaftsausprägungen zu bestimmen, die beurteilt werden sollen. Würden die Befragten alle möglichen Kombinationen der ausgewählten Eigenschaftsausprägungen bewerten, so müssten sie 36 Alternativen beurteilen. Diese Menge an Alternativen ist natürlich viel zu groß, so dass Dirk die zu bewertenden Alternativen auf zwölf beschränkt. Welche Kombinationen von Eigenschaftsausprägungen den Befragten hierbei vorgelegt werden, entscheidet das Statistikprogramm CiW der Firma Sawtooth Software Inc., das er für die Analyse verwendet.

Nachdem er die nötigen Einstellungen im Programm vorgenommen hat, beginnen die Freunde und Bekannten im Rahmen einer Internetbefragung mit der Beurteilung der verschiedenen Kinderwagenalternativen. Die Alternativen werden ihnen jeweils in Dreiersets vorgestellt, wobei jeder Befragte in jeder Auswahlsituation die präferierte Alternative auswählen soll. Hierbei kann der Befragte aber auch von der „None Option“ Gebrauch machen, sollte keine der angezeigten Kinderwagenkonfigurationen passend sein. Abbildung 4 zeigt eine der Auswahlsituationen.

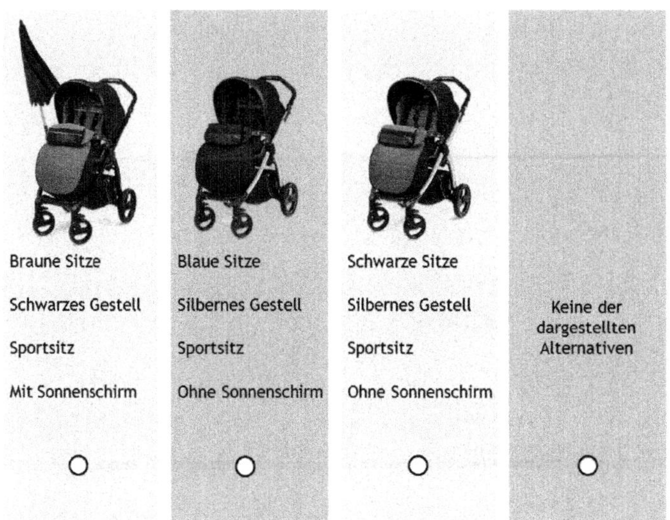

Abbildung 4: Auswahlsituation in der Choice-based Conjoint Analyse

Im dritten Schritt schätzt das Statistikprogramm aus diesen Daten die Teilnutzenwerte der einzelnen Eigenschaftsausprägungen. Der Gesamtnutzen einer Kinderwagenkonfiguration ergibt sich dann aus der Summe der Teilnutzenwerte der jeweiligen Ausprägungen der vier Eigenschaften. Tabelle 3 zeigt das Ergebnis der Datenanalyse.

Eigenschaft	Eigenschafts-ausprägung	Teilnutzenwert	Relative Wichtigkeit
Sitzdesign	blau	1,21	45,73%
	braun	-0,45	
	schwarz	0	
Gestellfarbe	anthrazit	0	18,73%
	schwarz	-0,28	
	silber	0,40	
Sportsitz	ja	0,36	9,92%
	nein	0	
Sonnenschirm	ja	0,93	25,62%
	nein	0	

Tabelle 3: Schätzergebnisse

Auf Grundlage der (maximalen) Teilnutzenwerte aus Tabelle 3 erkennt Dirk, dass der optimale Kinderwagen ein blaues Sitzdesign und ein silbernes Gestell haben und zudem über einen Sportsitz und Sonnenschirm verfügen sollte. Mit dieser Konfiguration kann sich Dirk anfreunden, entspricht sie in wesentlichen Zügen doch seiner eigenen Präferenzstruktur. Die am wenigsten präferierte Kinderwagenkonfiguration weist hingegen ein braunes Sitzdesign und ein schwarzes Gestell auf und verfügt weder über einen Sportsitz noch einen Sonnenschirm.

Darüber hinaus zeigt das Programm an, welche relative Wichtigkeit die einzelnen Eigenschaften für die Gesamtpräferenz der Befragten haben. So hat das Sitzdesign die mit Abstand höchste relative Wichtigkeit (45,73%), gefolgt vom Sonnenschirm (25,62%), der Gestellfarbe (18,73%) und zuletzt dem Sportsitz (9,92%). Zwar sind die relativen Wichtigkeiten an dieser Stelle nicht von Bedeutung, allerdings geben sie Aufschluss darüber, wie gravierend eine Abweichung von der optimalen Kinderwagenkonfiguration wäre. Müsste Dirk, beispielsweise aufgrund von Lieferengpässen, auf den Sonnenschirm verzichten, so wäre dies deutlich schmerzhafter als ein Abweichen auf eine weniger präferierte Gestellfarbe Schwarz.

Mit dem Einsatz der CBC ist es Dirk also gelungen, die Präferenzstruktur seiner Freunde und Bekannten aufzudecken und damit das komplexe Kinderwagenkonfigurationsproblem im Sinne einer Maximierung des sozialen Status, der mit dem Kinderwagen assoziiert wird, zu lösen. Allerdings liegt seiner Analyse die vereinfachende Annahme zugrunde, dass die gefundene Präferenzstruktur alle Befragten passend abbildet. Diese Annahme einer homogenen Präferenzstruktur ist natürlich völlig unrealistisch! Um dieses Problem zu handhaben, kommt ihm die Idee, seine Freunde und Bekannten anhand diverser Eigenschaften zu kategorisieren und gruppenspezifische Auswertungen vorzunehmen.

Die von Dirk gewöhnlich vorgenommenen Kategorisierungen seiner Freunde und Bekannten (neue vs. alte Freunde/Bekannte, nett vs. anstrengend, cool vs. Gartenzwergzüchter, großzügig vs. geizig) sind allerdings nur bedingt geeignet, da sie hinsichtlich des Forschungsproblems keine hinreichend scharfe Abgrenzung bieten. Darum ergänzt er die Untersuchung um eine Latent-Class-Analyse, mit der er die unbeobachtete Heterogenität in den Präferenzstrukturen der Befragten erfassen kann.[7] Die Analyse offenbart, dass seine Freunde und Bekannten in zwei Gruppen eingeteilt werden können. Die größere Gruppe umfasst etwa 80% der Befragten und weist eine ähnliche Präferenzstruktur wie die der aggregierten Analyse auf (Tabelle 3). Gleichzeitig identifiziert die Latent-Class-Analyse aber auch eine kleinere Gruppe von Befragten, die ein braunes Sitzdesign und ein schwarzes Gestell präferiert und weder auf einen Sportsitz noch auf einen Sonnenschirm Wert legt. Solch eine Präferenzstruktur ist natürlich völlig unhaltbar! Er nimmt diese Ergebnisse zum Anlass, die Sinnhaftigkeit der entsprechenden interpersonellen Verbindungen noch einmal zu überdenken.

Die Verbindung der CBC mit einer Latent-Class-Analyse löst so nicht nur das Problem, die perfekte Kinderwagenkonfiguration zu finden, sondern gibt Dirk auch wertvolle Hinweise, in welche Freundschaften er noch Energie und Zeit investieren sollte. Begeistert von dieser Erkenntnis, macht er sich aber gleich daran, weitere Entscheidungsprobleme zu identifizieren, die mit der CBC effektiv und effizient gelöst werden können. Eine offensichtlich geeignete Fragestellung wäre die Partnerwahl, denn auch hier gilt es, verschiedene Eigenschaftsausprägungen abzuwägen, um so zu einer optimalen Entscheidung zu gelangen. Glücklicherweise sind Anne und Dirk schon seit mehreren Jahren glücklich verheiratet, so dass die Anwendung der CBC nicht mehr in Frage kommt, auch wenn solch eine Ex-post-Analyse einen gewissen Reiz auf Dirk ausübt. Ein eventueller Negativbefund hinsichtlich seiner Wahl von Anne würde allerdings zu kognitiver Dissonanz und damit zu Unzufriedenheit führen. Vor diesem Hintergrund unterlässt Dirk lieber diese Analyse und widmet sich dringlicheren Planungs- und Optimierungsproblemen.

---

5 Zum Beispiel Kühnl, C., Mantau, A. (2013). Same Sound, Same Preference? Investigating Sound Symbolism Effects in International Brand Names. *International Journal of Research in Marketing*, 30(4), 417-420.

6 Backhaus, K., Erichson, B., Weiber, R. (2013). *Fortgeschrittene Multivariate Analysemethoden. Eine anwendungsorientierte Einführung*, 2. Auflage. Springer: Heidelberg.

7 Zum Beispiel DeSarbo, W. S., Ramaswamy, V., Cohen, S. H. (1995). Market Segmentation with Choice-Based Conjoint Analysis. *Marketing Letters*, 6(2), 137-147.

Krippenauswahl mit dem Scoring-Modell

Das Problem

Spätestens bei Zeugung des Nachwuchses sollten sich die künftigen Eltern mit der Ausbildung ihres Sprösslings auseinandersetzen. Dirk beneidet die Eltern in manchen Großstädten, die nach unzähligen Bewerbungen und langen Wartelisten einen einzigen Krippenplatz angeboten bekommen. „Die müssen sich wenigstens nicht mit der qualvollen Auswahl der richtigen Krippe herumschlagen und am Ende die Konsequenzen einer mitunter gravierenden Fehlentscheidung tragen“, denkt Dirk. Ehe man es sich versieht, landet der eigene Sprössling bei Mario Barth Jr., während in der benachbarten Einrichtung der nächste Goethe, Bach oder Einstein heranwächst und womöglich positiv auf den eigenen Junior abstrahlen könnte, sei es durch Vorleben positiver Verhaltensmuster oder schlicht durch den enormen Windschatten, den ein Genie üblicherweise in Form eines Halo-Effekts auf sein Umfeld wirft.[8] Schnell wird Dirk klar, dass mit seiner Krippenauswahl der Grundstein für ein erfolgreiches und glückliches Leben gelegt wird … oder eben die erste kleine Weiche in Richtung jener Eltern, die ihre Kinder Shakira und Whitney nennen.

Hierbei müssen aber auch praktische Aspekte beachtet werden. So bringt die tollste Krippe mit einer hohen elterlichen Akademikerquote, Erzieherinnen mit Waldorf- und Demeter-Hintergrund sowie einer tollen Ausstattung wie Reitstall und Spa-Bereich wenig, wenn sie 80 Kilometer vom familiären Domizil entfernt liegt. Zudem ist zu beachten, dass nicht alle Aspekte gleich wichtig sind. So hält Dirk Aspekte wie Akademikerquote, Förderungsintensität und Ausstattung für wichtiger als beispielsweise die Entfernung zum Elternhaus – Anne fährt schließlich gerne mit dem Auto.

Es bedarf eines Verfahrens, mit dem man verschiedene Krippen im Hinblick auf wichtige Merkmale unter Berücksichtigung von Vor- und Nachteilen bewerten kann.

Die Lösung

Mit dem Scoring-Modell steht Dirk ein flexibles und leicht zu implementierendes Verfahren zur Verfügung, mit dem er das Krippenauswahlproblem handhaben kann.[9] Dieses Verfahren erlaubt die abstufende Beurteilung verschiedener Krippenmerkmale und die Verdichtung der Urteile zu einem gewichteten Gesamtwert.

Um das Scoring-Modell treffend umzusetzen, hat Dirk die Task Force PUPS^{K} (**Pu**nktwertbasierte **P**riorisierung **s**tädtischer **K**rippen) ins Leben gerufen, der neben Dirk auch Anne angehört. Bei der Durchführung des Verfahrens hat sich die Task Force an dem nachfolgenden fünfstufigen Ablaufprozess orientiert.

1. Definition der Bewertungsmerkmale

In einem ersten Schritt müssen die Bewertungsmerkmale für die Krippenwahl definiert werden. Hierbei gilt es, alle relevanten Merkmale M_i zu berücksichtigen, ohne die Handhabbarkeit des Merkmalskatalogs aus den Augen zu verlieren. So mag das Merkmal *Lichtatmosphäre der Bauklotzecke* in bestimmten Situationen zwar durchaus relevant sein, aber es gibt sicherlich noch wichtigere Aspekte, die es bei der Krippenbewertung zu beachten gilt. Dem bayerischen Konsensprinzip folgend (das heißt, Anne hat das Recht, sich Dirks Meinung anzuschließen), definieren die beiden den folgenden Merkmalskatalog:

- Förderungsintensität
- Ausstattung
- Akademikerquote
- Soziale Ausgewogenheit
- Betreuungsschlüssel
- Distanz zum Elternaus

2. Festlegung von Gewichtungsfaktoren

Um die relative Bedeutung der einzelnen Merkmale auszudrücken, bedarf es der Vergabe von Gewichtungsfaktoren w_i. Die Gewichtungsfaktoren variieren zwischen 0 und 1, wobei höhere Werte eine höhere Wichtigkeit ausdrücken. Die Summe aller Gewichtungsfaktoren über alle

Merkmale muss den Wert 1 ergeben. Nach reiflicher Überlegung vergeben Anne und Dirk die in Tabelle 4 dokumentierten Gewichtungsfaktoren für die sechs Bewertungsmerkmale.

Merkmal M_i	Gewichtungsfaktor w_i
Förderungsintensität	0,30
Ausstattung	0,20
Akademikerquote	0,15
Soziale Ausgewogenheit	0,10
Betreuungsschlüssel	0,20
Distanz zum Elternhaus	0,05

Tabelle 4: Gewichtungsfaktoren

3. Definition der Bewertungsskala

Nachdem Anne und Dirk den Merkmalskatalog festgelegt haben, müssen sie nun die Merkmalsausprägungen definieren, mit deren Hilfe der jeweilige Zielerreichungsgrad ausgedrückt werden kann. Jeder Ausprägung wird ein Punktwert von 1 bis 5 zugeteilt, wobei die schlechteste Beurteilung immer den Punktwert 1 und die beste Beurteilung den Punktwert 5 erhält. So ergibt sich eine Bewertungsmatrix, deren Zeilen die Merkmale und deren Spalten die Merkmalsausprägungen widerspiegeln (Tabelle 5).

	Punktwert				
Merkmal	1	2	3	4	5
Förderung-intensität	Gemeinsames Fernsehen	Spielerische Selbstbeschäftigung	Gemeinsames Spielen, Basteln und Singen	Musikalische Früherziehung, Ausflüge	Geigenunterricht, Chinesischkurse, Kinder-Yoga
Ausstattung	Stöcke, Steine und was man noch so findet	Selbst mitgebrachtes Spielzeug	Krippeneigenes Spielzeug, Musikinstrumente, Bücher	Indoor-Spielplatz, Musikzimmer	iPads, Sauna, Spa, Reitstall
Akademiker-quote	Weniger als 20%	Zwischen 20% und 30%	Zwischen 30% und 40%	Zwischen 40% und 50%	Mehr als 50%
Soziale Ausgewogenheit	Sehr niedrig	Niedrig	Mittel	Hoch	Sehr hoch
Betreuungs-schlüssel	Mehr als 20 Kinder pro Betreuer	Zwischen 15 und 20 Kinder pro Betreuer	Zwischen 10 und 15 Kinder pro Betreuer	Zwischen 5 und 10 Kinder pro Betreuer	Weniger als 5 Kinder pro Betreuer
Distanz zum Elternhaus	Mehr als 4km	Zwischen 3km und 4km	Zwischen 2km und 3km	Zwischen 1km und 2km	Weniger als 1km

Tabelle 5: Bewertungsmatrix

4. Bewertung

Nun können die Punktewerte für die zur Verfügung stehenden Krippen vergeben werden. Dirk möchte natürlich ein möglichst vollständiges Bild aller verfügbaren Krippen zeichnen, was allerdings die Beurteilung von 348 Krippen und damit $6 \cdot 348 = 2.088$ Einzelbewertungen nach sich ziehen würde. Schweren Herzens beschränkt er sich daher auf die Bewertung der fünf Krippen, die ihm ad hoc als besonders vielversprechend erscheinen.

Nach intensiver Sichtung der fünf Krippen und Diskussionen mit Freunden einigen sich Anne und Dirk auf die in Tabelle 6 dargestellten Punktwerte für die in Frage kommenden Krippen.

Schnell wird ersichtlich, dass *Bei Conni* eher niedrige Punktwerte erhalten hat, während *Pi-Raten* und $\sqrt{Kinder}$ deutlich besser abschneiden. Um sich aber ein genaues Bild der Krippenbewertung zu verschaffen, muss Dirk im fünften und finalen Schritt die Gesamtpunktwerte je Krippe berechnen.

Krippe	Merkmal mit Gewichtung					
	Förderungsintensität 0,30	Ausstattung 0,20	Akademikerquote 0,15	Soziale Ausgewogenheit 0,10	Betreuungsrelation 0,20	Distanz zum Elternhaus 0,05
Pi-Raten	4	3	5	4	5	4
$\sqrt{Kinder}$	4	4	4	4	3	4
Vektor-Kids	3	4	2	3	3	3
Bei Conni	2	1	1	4	2	4
Gezuckerte Eulen	3	3	3	2	4	3

Tabelle 6: Bewertungsmatrix

5. Bestimmung des Gesamtpunktwertes und Entscheidung

Zur Bestimmung der krippenspezifischen Gesamtpunktwerte addiert Dirk die mit der relativen Bedeutung gewichteten Punktwerte auf (über das Problem der Äquidistanz der ordinalen Skalenstufen als Voraussetzung für die Multiplikation mit dem Gewichtungsfaktor in Schritt 5 sieht Dirk großzügig hinweg).[10] Die optimale Krippe ist die mit dem höchsten gewichteten Gesamtpunktwert, also die *Pi-Raten* (Tabelle 7). Diese Krippe erreicht in Sachen Akademikerquote und Betreuungsrelation die maximale Punktzahl und schneidet in den Kriterien Förderungsintensität, soziale Ausgewogenheit und Distanz zum Elternhaus gleich gut wie oder besser als die übrigen Krippen ab. Diese Dominanz tröstet auch über die Tatsache hinweg, dass $\sqrt{Kinder}$ und *Vektor-Kids* im Punkt Ausstattung etwas besser aufgestellt sind.

Krippe	Gewichteter Gesamtpunktwert
Pi-Raten	4,15
$\sqrt{Kinder}$	3,80
Vektor-Kids	3,05
Bei Conni	1,95
Gezuckerte Eulen	3,10

Tabelle 7: Gewichtete Gesamtpunktwerte

Nachdem die Entscheidung für die *Pi-Raten* gefallen ist, muss sich Dirk nur noch Gedanken machen, wie er zukünftig den monatlichen Beitrag von 1.250,- € (zuzüglich

40,- € Essensgeld und 20,- € Windelpauschale) aufbringen kann. Leider hat er in der Vorlesung *Investition & Finanzierung* nicht ganz so gut aufgepasst und vertagt die Entscheidung erst einmal auf später.

---

[8] Thorndike, E. L. (1920). A Constant Error in Psychological Rating. *Journal of Applied Psychology*, 4(1), 25-29.

[9] Voeth, M., Herbst, U. (2013). *Marketing-Management. Grundlagen, Konzeption und Umsetzung.* Schäffer-Poeschel: Stuttgart.

[10] Sarstedt, M., Mooi, E. A. (2014). *A Concise Guide to Market Research. The Process, Data, and Methods Using IBM SPSS Statistics,* 2. Auflage. Springer: Heidelberg.

Planung der Kinderzimmereinrichtung mit der Netzplantechnik

Das Problem

Die Konzeption und Einrichtung eines Kinderzimmers können schnell zu einem Unterfangen werden, das so komplex ist wie der Bau des Hauptstadtflughafens. Selbst wenn man sehr genaue Vorstellungen über die gewünschten Einrichtungselemente hat, gibt es viel zu beachten. In welcher Reihenfolge müssen die Arbeitsschritte verrichtet werden? Wie lange dauert die Einrichtung unter Berücksichtigung der teilweise wahnwitzigen Lieferzeiten der spezialisierten Babymöbelhäuser, und welche zeitlichen Freiheitsgrade hat man? Beim Projekt Kinderzimmereinrichtung darf man nichts dem Zufall überlassen. Nicht auszudenken, welche mentalen Schäden Emil davontragen würde, wenn er in eine Bauruine von Kinderzimmer einziehen müsste. Am Ende wären Anne und Dirk gezwungen, Tine Wittler oder Enie van de Meiklokjes um Hilfe zu bitten, was das kindliche Trauma wohl noch verstärken würde. Ganz zu schweigen von den Einbußen an Sozialprestige: Was soll bloß der Postbote denken, wenn die komplette Einfahrt mit RTL-II-Übertragungswagen zugestellt ist? Es gilt also, einen detaillierten Projektplan zu erstellen, um jeglichen Verzug von Anfang an auszuschließen.

Die Lösung

Mit der Netzplantechnik steht Dirk ein leistungsfähiges Verfahren zur Terminplanung des Projekts *Kinderzimmereinrichtung* zur Verfügung.[11] Ein Netzplan gibt Auskunft darüber, welche Vorgänge für die Fertigstellung des Kinderzimmers durchzuführen sind, und beschreibt die zeitliche Abfolge dieser Vorgänge. So wird Dirk gezwungen, den gesamten Projektablauf exakt und detailliert zu durchdenken; eine Aktivität, die ihm naturgemäß größte Freude bereitet. Selbstverständlich hat er bereits unmittelbar nach der Feststellung des Geschlechts alle möglichen Einrichtungskonstellationen hinsichtlich Farb- und Formharmonie durchgespielt. Zur Disposition standen neben Themenelementen wie Ritter Rost, Bob der Baumeister oder Der kleine Drache Kokosnuss auch Retrodesigns wie Teletubbies und die Gender-Mainstreaming-Variante Prinzessin Lillifee. Entschieden hat sich Dirk letztendlich für ein Superman-Design. Zum einen ist ihm selbst die entsprechende Einrichtung als Kind trotz unzähliger Weihnachts-Wunschlisteneinträge verwehrt geblieben. Zum anderen sagt ihm die Symbolik der Figur zu, die auch wissenschaftlich im – auch von Dirk – viel beachteten Beitrag „Biopolitik, Hybridität und Fremdartigkeit im US-amerikanischen Superheldenfilm“ untersucht wurde.

Demnach steht Superman für Patriotismus und christlich-westliche Werte, „die vor dem Hintergrund dünn skizzierter globaler Settings gegen meist außerirdische Übermächte verteidigt werden sollen".[12] Eine Figur, die selbst solch einer wissenschaftlich fundierten Bestandsaufnahme Stand hält, kann nicht schlecht für Emil sein.

In einem ersten Schritt möchte sich Dirk einen Überblick über das Planungsproblem verschaffen und analysiert die für die Kinderzimmereinrichtung relevanten Vorgänge.

Seine detaillierte Strukturanalyse ergibt, dass zur Einrichtung des Kinderzimmers sieben Vorgänge notwendig sind: (1) Superman-Tapete kaufen, (2) Superman-Tapete anbringen, (3) Möbel beschaffen, (4) Möbel aufbauen und (5) Möbel einräumen. Zudem müssen (6) die Superman-Gardinen angebracht werden, die Dirk zum Einzug gekauft hat; einer entsprechenden Umdekorierung des Schlafzimmers hatte sich Anne vehement verweigert. Zuletzt muss (7) die Dekoration aufgestellt werden, die Anne schon vor fünf Jahren in ihrer Deko-Doku-Phase besorgt hat (ein dunkles Kapitel in Annes und Dirks Beziehung).

Natürlich muss Dirk bei diesen Vorgängen eine bestimmte Reihenfolge einhalten. So kann er die Superman-Tapete selbstverständlich erst anbringen, nachdem er sie gekauft hat. Ebenso kann Dirk die Möbel erst nach deren Beschaffung aufstellen und einräumen. Um sich einen Überblick über die zeitlichen Abfolgen zu verschaffen, stellt Dirk eine Vorgangsliste auf, in der die Nachfolger der jeweiligen Vorgänge sowie deren Dauer festgehalten sind (Tabelle 8).

Vorgang	Nachfolger	Dauer in Tagen
Superman-Tapete kaufen	Superman-Tapete anbringen	1
Superman-Tapete anbringen	Superman-Gardinen aufhängen, Möbel aufbauen	3
Möbel beschaffen	Möbel aufbauen	14
Möbel aufbauen	Möbel einräumen, Deko aufstellen	1
Möbel einräumen	–	1
Superman-Gardinen aufhängen	–	1
Deko aufstellen	–	2

Tabelle 8: Vorgangsliste

Für die nachfolgende Zeitplanung möchte Dirk bestimmen, wann die Vorgänge jeweils frühestens beginnen und enden können und wann sie spätestens beginnen und enden müssen. Hierauf aufbauend möchte Dirk die Pufferzeit für jeden Vorgang berechnen. Diese gibt an, um wie viele Zeiteinheiten ein Vorgang maximal verschoben werden kann, ohne die Projektdauer zu verlängern. Hierzu verwendet er das in Tabelle 9 dargestellte Schema, für das gilt:

FAZ = Frühester Anfangszeitpunkt
FEZ = Frühester Endzeitpunkt
SAZ = Spätester Anfangszeitpunkt

SEZ = Spätester Endzeitpunkt
D = Dauer
P = Pufferzeit

Vorgang		
FAZ	D	FEZ
SAZ	P	SEZ

Tabelle 9: Schema für die Zeitplanung

Zunächst möchte Dirk die frühesten Vorgangszeitpunkte berechnen. Hierbei gilt, dass ein Vorgang erst dann beginnen kann, wenn sämtliche unmittelbaren Vorgänger abgeschlossen sind. Nach dem Projektstart im Zeitpunkt 0 können also die Vorgänge *Superman-Tapete kaufen* und *Möbel beschaffen* beginnen. Die frühesten Anfangszeitpunkte dieser Vorgänge sind jeweils 0, so dass gilt:

FAZ *(Superman-Tapete kaufen)* = 0 und
FAZ *(Möbel beschaffen)* = 0.

Das früheste Ende der Vorgänge ergibt sich durch Addition der Vorgangsdauern zum frühesten Anfangszeitpunkt, also

FEZ *(Superman-Tapete kaufen)* = 0 + 1 = 1 und
FEZ *(Möbel beschaffen)* = 0 + 14 = 14.

Der Vorgang *Superman-Tapete anbringen* kann natürlich erst beginnen, nachdem die Tapete beschafft wurde, also zum Zeitpunkt 1 (FAZ *(Superman-Tapete anbringen)* = 1). Für den Vorgang selbst plant Dirk 3 Tage ein (Tabelle 8), so dass gilt:

FEZ *(Superman-Tapete anbringen)* = 1 + 3 = 4.

Ebenso können die Möbel erst nach deren Beschaffung aufgebaut werden, also frühestens zum Zeitpunkt 14 (FAZ *(Möbel aufbauen)* = 14). Dieser Vorgang kann demnach frühestens zum Zeitpunkt 15 abgeschlossen werden (FEZ *(Möbel aufbauen)* = 14 + 1 = 15).

Entsprechend berechnet Dirk die frühesten Anfangs- und Endzeitpunkte der verbleibenden Vorgänge *Möbel einräumen, Superman-Gardinen aufhängen* und *Deko aufstellen*. Erst wenn diese drei Vorgänge abgeschlossen sind, ist die Einrichtung des Kinderzimmers abgeschlossen, also frühestens zum Zeitpunkt 17. Abbildung 5 zeigt die Berechnung der Vorgangszeitpunkte.

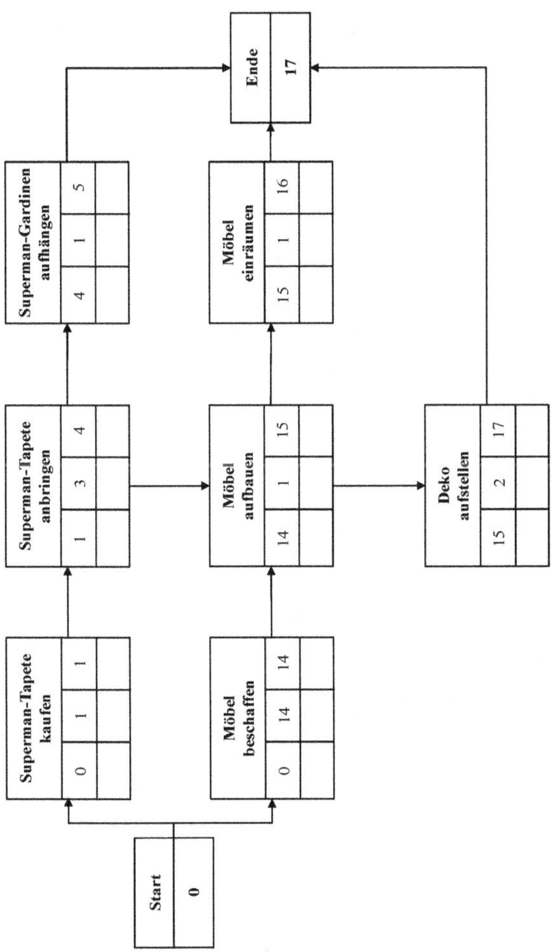

Abbildung 5: Berechnung der frühesten Anfangs- und Endzeitpunkte

Im nächsten Schritt berechnet Dirk die spätesten Endzeitpunkte (SEZ). Diese dürfen nicht überschritten werden, wenn der vorgegebene Endzeitpunkt des Projekts eingehalten werden soll. Als spätestes Projektende nimmt Dirk die zuvor berechneten 17 Tage an. Dies bedeutet, dass die Vorgänge *Superman-Gardinen aufhängen, Möbel einräumen* und *Deko aufstellen* spätestens zum Zeitpunkt 17 abgeschlossen sein müssen.

Der späteste Anfang dieser Vorgänge ergibt sich, indem man vom spätesten Ende die Dauer *D* abzieht:

SAZ (*Möbel einräumen*) = 17 – 1 = 16
SAZ (*Superman-Gardinen aufhängen*) = 17 – 1 = 16
SAZ (*Deko aufstellen*) = 17 – 2 = 15

Der Vorgang *Möbel aufbauen* hat zwei Nachfolger: *Möbel einräumen* mit dem spätesten Anfang 16 und *Deko aufstellen* mit dem spätesten Anfang 15. Um die Zeitplanung einzuhalten, muss der Vorgang *Möbel aufbauen* also spätestens zum Zeitpunkt 15 abgeschlossen sein, da sonst der späteste Anfang von *Deko aufstellen* nicht eingehalten werden kann. Analog hierzu berechnet Dirk die spätesten Anfangs- und Endzeitpunkte der verbleibenden Vorgänge. Damit ergibt sich der in Abbildung 6 dargestellte Netzplan.

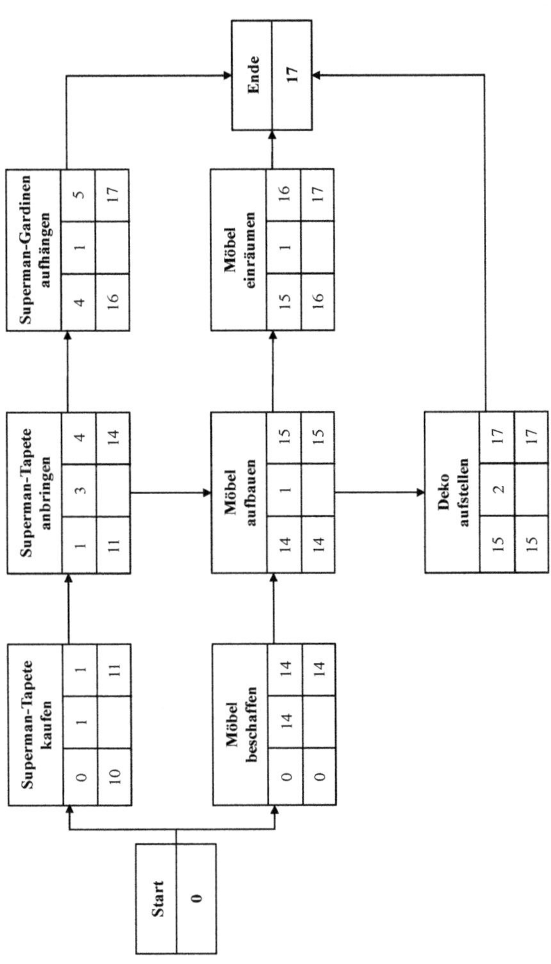

Abbildung 6: Berechnung der spätesten Anfangs- und Endzeitpunkte

Auf Grundlage dieser Berechnungen kann Dirk nun die Pufferzeiten der Vorgänge berechnen. Diese ergeben sich aus der Differenz des spätesten Endzeitpunkts und frühesten Endzeitpunkts bzw. der Differenz des spätesten Anfangszeitpunkts und spätesten Endzeitpunkts. Beispielsweise ergibt sich für den Vorgang *Superman-Tapete kaufen* eine Pufferzeit von

P (*Superman-Tapete kaufen*) = SAZ (*Superman-Tapete kaufen*) - FAZ (*Superman-Tapete kaufen*) = 10 – 0 = 10 bzw.
P (*Superman-Tapete kaufen*) = SEZ (*Superman-Tapete kaufen*) - FEZ (*Superman-Tapete kaufen*) = 11 – 1 = 10.

Dies bedeutet, dass Dirk den Vorgang *Superman-Tapete kaufen* um maximal 10 Tage verschieben kann, ohne dadurch die Projektdauer von 17 Tagen zu verlängern. Im Gegensatz hierzu kann er den Vorgang *Möbel einräumen* lediglich um einen Tag aufschieben.

Auf Basis der Pufferzeiten kann Dirk nun den kritischen Weg bestimmen. Dieser gibt an, welche Abfolge von Vorgängen keinerlei zeitlichen Spielraum hat (also eine Pufferzeit von 0 aufweist). Mit anderen Worten würde eine Nichteinhaltung des Zeitplans bei diesen Vorgängen zu einer Verschiebung des Projektendes führen. Schnell wird klar, dass dieser kritische Weg durch die Abfolge *Möbel beschaffen* → *Möbel aufbauen* → *Deko aufstellen* gegeben ist. Diese Vorgänge gilt es in der nun anstehenden Projektumsetzung besonders zu beachten und sorgfältig zu planen. Abbildung 7 zeigt den vollständigen Netzplan inklusive Pufferzeiten und dem hervorgehobenen kritischen Weg.

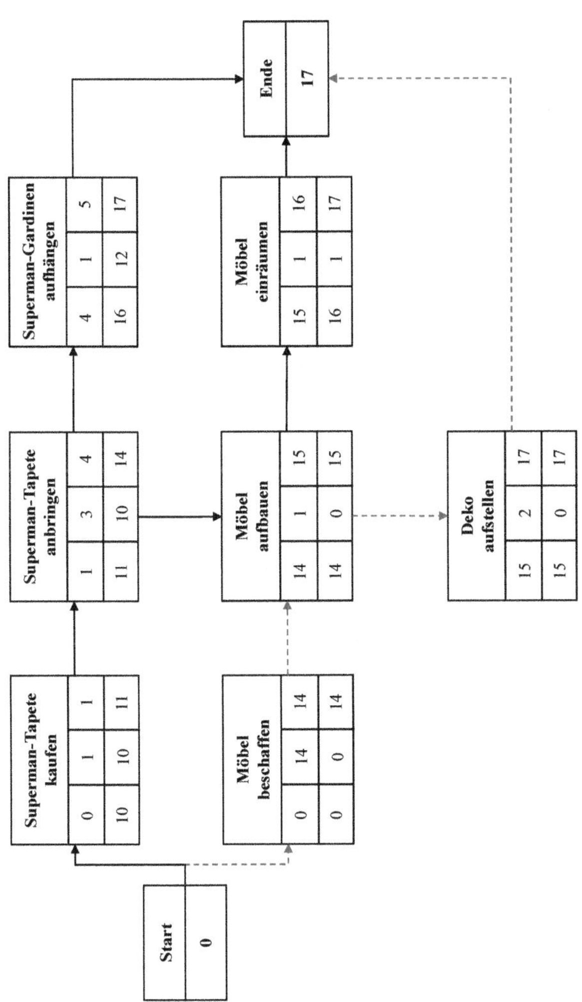

Abbildung 7: Finaler Netzplan mit kritischem Weg

Schnell muss Dirk einsehen, dass sich die Nutzung der Ergebnisse seiner netzplantechnischen Untersuchung schwieriger gestaltet als zunächst angenommen. Vor allem muss er feststellen, dass manche Vorgangsdauern einer nicht unerheblichen Varianz unterliegen. Müsste Dirk beispielsweise die Möbel bei der Firma Holzwurm bestellen, so würde die Anlieferung laut Kundenservice in acht bis zehn Wochen „irgendwann zwischen 8 Uhr und 18 Uhr" erfolgen. Gut, dass Holzwurm nur Kinderzimmermöbel herstellt und nicht für den Bau des Berliner Flughafens zuständig ist. Sonst dürften sich wohl erst Dirks Ur-Ur-Ur-Enkel an den Eröffnungsfeierlichkeiten erfreuen.

Glücklicherweise können solche Unwägbarkeiten in den Vorgängen mit Hilfe der stochastischen Netzplantechnik gehandhabt werden. Vor diesem Hintergrund überlegt Dirk schon, wie er die Netzplantechnik weitergehend einsetzen kann. Beispielsweise könnte er das Projekt *Fahrrad fahren lernen* mit Vorgängen wie *Laufen lernen, Laufrad kaufen, Helm kaufen, Laufrad fahren lernen, Fahrrad kaufen* etc. detailliert planen. Zuvor gilt es allerdings, dringlichere Optimierungsaufgaben zu lösen.

---

[11] Schwarze, J. (2014). *Projektmanagement mit Netzplantechnik*, 11. Auflage. Verlag NWB: Berlin.

[12] Boge, C. (2012). Biopolitik, Hybridität und Fremdartigkeit im US-amerikanischen Superheldenfilm. *Medienimpulse. Beiträge zur Medienpolitik*, 2, 1-9.

Optimierter Babyphone-Kauf mit der Two-step Clusteranalyse

Das Problem

Noch zwei Wochen bis zur Geburt und Dirk macht sich daran, die wirklich wichtigen Accessoires für den Nachwuchs zu besorgen. Wie zum Beispiel den vollautomatischen Windeleimer, den staubsaugerbetriebenen Nasenschleimabsauger, die Baby-Yoga-DVD oder die Feuchttücher mit Aloe Vera und handgeschöpfter Milch der usbekischen Bergziege. Zunächst möchte sich Dirk aber dem Kauf eines Babyphones widmen. Auch hier möchte Dirk natürlich keinerlei Abstriche machen. So sollte das Babyphone möglichst jede erdenkliche Funktionalität aufweisen und zudem den Qualitätsmaßstäben der NASA genügen.

Anfänglich zuversichtlich, erreicht Dirk den *New Baby Megastore & More.* Aber was er dort sieht, lässt seine Laune rapide sinken. Gefühlte 10.000 Babyphones bauen sich wie eine Wand vor ihm auf und lassen jede Hoffnung auf eine einfache Kaufentscheidung schwinden. Soll er das Modell wählen, das die Reichweite einer französischen Mittelstreckenrakete, dafür aber die Strahlungsarmut eines weißrussischen Kernreaktors hat? Oder doch lieber das fair gehandelte Sondermodell mit dem mundgeblasenen Finish aus biologisch abbaubarem Carbon-Jute-Verbundmaterial? Frustriert verlässt Dirk das Geschäft und beschließt erst einmal, den hochkomplexen Markt für Babyphones zu strukturieren, um eine geeignete Entscheidungsgrundlage zu schaffen.

Die Lösung

Um den Markt von Babyphones zu strukturieren, entscheidet sich Dirk, zunächst eine Marktsegmentierung durchzuführen. Hierzu möchte er die verfügbaren Babyphones in möglichst homogene Gruppen aufteilen. Homogen bedeutet in diesem Zusammenhang, dass Babyphones in einer Gruppe hinsichtlich ihrer Eigenschaften möglichst ähnlich zueinander sein sollen. Gleichzeitig sollen die Gruppen untereinander aber möglichst heterogen sein, das heißt, Babyphones in unterschiedlichen Gruppen sollen möglichst unähnlich hinsichtlich ihrer Eigenschaften sein. Diese Aufgabe kann mit der Two-Step-Clusteranalyse gelöst werden.[13] Hierbei muss Dirk wie folgt vorgehen:

Zunächst muss er die relevanten Eigenschaften definieren, anhand derer die Gruppen gebildet werden sollen. Dies fällt ihm nicht schwer, hat sein Schwiegervater ihm beim letzten Treffen doch einen zweieinhalbstündigen Vortrag über die relevanten Eigenschaften von Babyphones gehalten. Folgende Eigenschaften hat Dirk daher ausgewählt: Kamera, Temperaturfühler, Nachtlicht, Schlaflieder, Gegensprechfunktion (jeweils vorhanden/

nicht vorhanden), Reichweite in Metern, Akku-Laufzeit in Stunden und Preis in Euro. Dirk entschließt sich, seine Analyse auf die aktuellen 18 Modelle zu beschränken, und sammelt die entsprechenden Informationen im Internet zusammen.

Diese Daten werden nun mit Hilfe der Two-Step-Clusteranalyse im Statistikprogramm IBM SPSS analysiert. Ziel der Analyse ist es, Gruppen von möglichst ähnlichen Babyphones zu bilden. Ähnlichkeiten werden hierbei in Form von Distanzen angegeben. Weisen zwei Babyphones dieselben Eigenschaftsausprägungen auf, so ist die Distanz zwischen den beiden Modellen gleich null. Je unterschiedlicher die Modelle sind, desto größer ist deren Distanz.

Ein Problem bei der Anwendung der Clusteranalyse besteht in der Wahl der Anzahl der Segmente. Diese Entscheidung ist eine Mischung aus inhaltlichen Überlegungen (Was ist sinnvoll?) und datenanalytischen Gesichtspunkten (Was sagen die Daten?). Hierbei besteht offensichtlich ein Zielkonflikt. Einerseits darf die Anzahl der Gruppen nicht zu klein gewählt werden, da dann zu viele Modelle in einer Gruppe landen würden. Andererseits darf die Anzahl der Gruppen auch nicht zu groß gewählt werden, da die Gruppen dann zu wenige Modelle beinhalten würden. Die Analyse entsprechender Gütekriterien zeigt schnell, dass eine Vier-Gruppen-Lösung optimal ist.

Die erste Gruppe umfasst fünf mittelpreisige Modelle mit Kamera, dafür aber ohne Temperaturfühler-, Nachtlicht- und Schlafliederfunktion und mit einer niedrigen Akku-Laufzeit. Die Modelle in der zweiten Gruppe haben ebenfalls eine Kamera, zeichnen sich aber zusätzlich durch Temperaturfühler-, Schlaflied- und Gegensprechfunktionalitäten sowie eine höhere Reichweite aus. Diese Eigenschaften haben aber ihren Preis, der in den meisten Fällen etwas über den Modellen der ersten Gruppe liegt. Die größte Gruppe umfasst sieben Modelle mit allen Funktionalitäten, einer hohen Reichweite und langen Akku-Laufzeit bei niedrigen Preisen. Allerdings haben die Modelle in dieser Gruppe keine Kamera. Gruppe vier ist eine Residualgruppe mit zwei Modellen, die hinsichtlich ihres Preis-Leistungs-Verhältnisses nicht in Frage kommen.

Nach Analyse der Gruppencharakteristika stellt Dirk fest, dass die Modelle in der zweiten Gruppe am ehesten seinen Vorstellungen entsprechen. Der Detailvergleich in Tabelle 10 zeigt, dass die ersten drei Modelle *(Lights out V2, Fright night 33* und *36)* sich lediglich in der Akku-Laufzeit und dadurch auch im Preis unterscheiden. Das vierte Modell *Babycry 2000* verfügt im Gegensatz zu den anderen Modellen über eine Nachtlichtfunktion, kostet aber auch deutlich mehr. Diese Investition leuchtet Dirk nicht ein, so dass er sich für *Lights out V2* entscheidet, das gegenüber den anderen Modellen aufgrund des Verhältnisses von Akku-Laufzeit und Preis hervorsticht.

Modell	Kamera	Temperaturfühler	Nachtlicht	Schlaflieder	Gegensprechfunktion	Reichweite in Metern	Akku-Laufzeit in Stunden	Preis in €
Lights out V2	ja	ja	nein	ja	ja	300	8	159
Fright night 36	ja	ja	nein	ja	ja	300	7	170
Fright night 33	ja	ja	nein	ja	ja	300	6	135
Babycry 2000	ja	ja	ja	ja	ja	300	7	230

Tabelle 10: Babyphones in der gewählten Gruppe

Begeistert von dem Verfahren identifiziert Dirk sogleich weitere relevante Märkte, die es mit der Two-step-Clusteranalyse zu segmentieren gilt: Kindersitze, Fahrradanhänger, Wickeltaschen, Hochstühle, Babywippen, Laufräder ... Nun muss Dirk nur noch die relevanten Eigenschaften je Produkt identifizieren und die entsprechenden Daten sammeln. Da Dirk befürchtet, dass dies jedoch einige Wochen in Anspruch nimmt und somit Terminkonflikte mit der anstehenden Geburt resultieren könnten, beschließt er, es zunächst bei der Analyse des Babyphone-Marktes zu belassen.

---

13 Sarstedt, M., Mooi, E. A. (2014). *A Concise Guide to Market Research. The Process, Data, and Methods Using IBM SPSS Statistics*, 2. Auflage. Springer: Heidelberg.

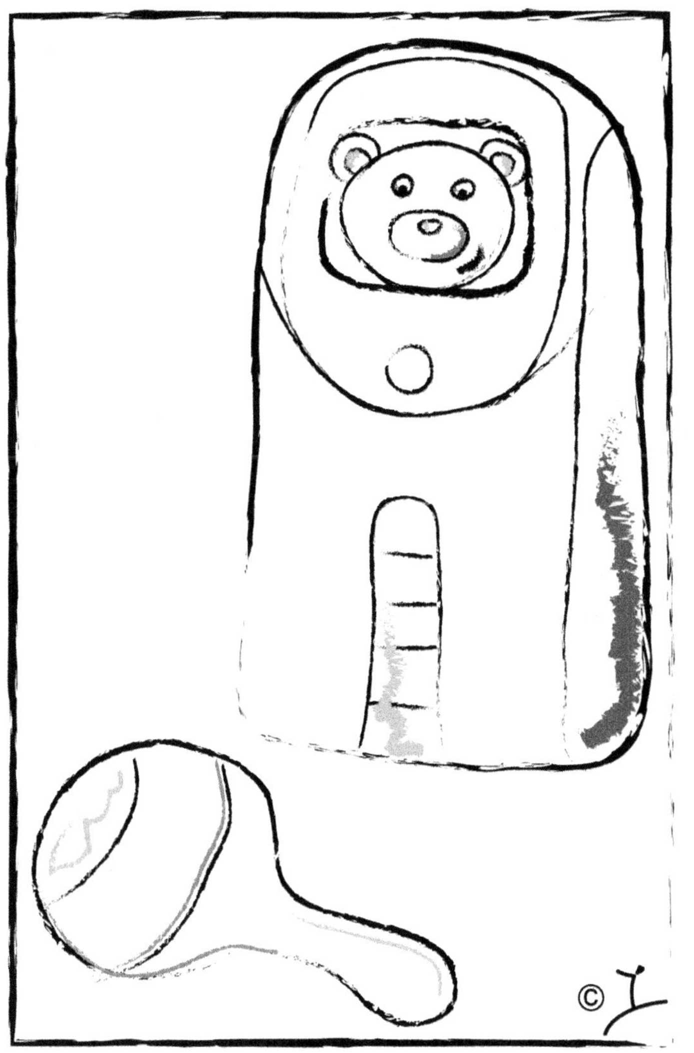

Die Geburt

Das Tolle an einer Geburt ist, dass man den Termin bis auf den Tag genau vorherbestimmen kann – zumindest der Theorie nach. Denn aus dem Studium diverser Geburtsratgeber und eigenen Beobachtungen im Freundes- und Bekanntenkreis weiß Dirk, dass sich Föten selten an den von der ärztlichen Autorität skizzierten Zeitplan halten. Vor diesem Hintergrund sieht Dirk sich veranlasst, den Eintrittszeitpunkt des Ereignisses „Geburt Emil" mit Hilfe der Hazard-Raten-Analyse zu berechnen, die pikanterweise auch als Überlebenszeitanalyse bezeichnet wird und ursprünglich zur Prognose nicht ganz so freudiger Ereignisse entwickelt wurde.[14] Allerdings ist diese Analyse nur ein kleiner Aspekt des Geburtsprojekts, dessen Ablauf Dirk schon früh generalstabsmäßig durchgeplant hat.

So berücksichtigt seine Routenplanung zum Krankenhaus nicht nur die zur relevanten Tageszeit zu erwartende Verkehrslage, sondern auch die Ampelschaltungen, welche, falls ignoriert, wertvolle Sekunden auf dem Weg in den Kreißsaal kosten können. Ebenso muss die Krankenhaustasche alle sechs Stunden genau hinsichtlich eines durch Triangulation verschiedener Wetterberichte abgeleiteten „Konsensberichts" umgepackt werden. Neben der Anfahrt hat Dirk natürlich auch den Geburtsablauf planerisch genauestens erfasst. Inspiriert von Jack Nicholson in „Besser geht's nicht" hat Dirk auch verschiedene Playlists auf seinem MP3-Player vorbereitet, die je nach Stimmungslage zum Einsatz kommen sollten (Tabelle 11). Nicht zu vergessen die auf Grundlage von Freundschaftsstatus und Erwartungswert des Geburtsgeschenks abgeleitete Benachrichtigungsreihenfolge des Freundeskreises, an deren Ende ein Posting für die Facebook-Freunde steht („Denn nur Facebook-Freunde sind wahre Freunde", findet Dirk).

Prolog	**Interludium**	**Finale**
Pink – Get the party started	Betty Boo – Where are you baby?	Jennifer Lopez – Let's get loud
Madonna – Into the groove	New Kids on the Block – Hangin' tough	Martin Solveigh – Hello
Fatboy Slim – Right here, right now	Daft Punk – One more time	Bon Jovi – Born to be my baby
2 Unlimited – No limit	Lützenkirchen – 3 Tage wach	Peter Fox – Schüttel Deinen Speck
...	...	...

Tabelle 11: Playlists

Aber bereits zwei Wochen vor dem von Dirk mithilfe der Hazard-Raten-Analyse berechneten Geburtstermin scheint es so weit zu sein. „Unmöglich! Wir liegen mindestens eine Standardabweichung vor der unteren Grenze des

95%-Konfidenzintervalls des Geburtstermins!", denkt Dirk. Aber Annes Zustand spricht eine andere Sprache. Schwer atmend steht sie in der Tür und versucht, sich an die einstudierten Atemtechniken aus der DVD „Baby Onboarding – Ein Guide zur Vorbereitung" zu erinnern. Währenddessen schaltet Dirk auf Autopilot. An die stringente Einhaltung des detaillierten Planungsprozesses ist nicht mehr zu denken. Optimale Krankenhausroute? Stimmungsspezifische musikalische Berieselung? Das Nächste, an das er sich erinnern kann, sind die tränenüberströmten Augen seiner Anne, die unendlich erschöpft, aber überglücklich ihr beider ganz persönliches Wunder im Arm hält. Und während die fernen Stimmen der Hebammen und Geburtshelferinnen in der nüchternen Atmosphäre des Kreißsaals klingen, genießen Anne und Dirk den vielleicht intimsten Moment ihres Lebens. Da war er, ihr Moment für die Unendlichkeit. Alles war perfekt.

---

14 Kalbfleisch, J. D., Prentice, R. L. (2002). *The Statistical Analysis of Failure Time Data,* 2. Auflage, Wiley-Interscience: Hoboken, New Jersey.

Hugi
Pomps
Molx
babyam
Molx
Molx
Molx
Pompers
Pompers
Hugi
Molx

Optimiertes Windelbestandsmanagement

Das Problem

Eine besondere Herausforderung für junge Eltern besteht in der ausreichenden Bevorratung essenzieller Güter des täglichen Bedarfs für den Nachwuchs – wie zum Beispiel Windeln. Auf Grundlage der Erfahrungen der ersten Wochen wissen Anne und Dirk bereits, dass die Nahrung schneller wieder ihren Weg in die Windel findet als im Verdauungsplanungsprozess optimal wäre. Sie würden sogar so weit gehen zu behaupten, die Menge des Materials in der Windel sei größer als die Menge der zuvor vertilgten Nahrung. Da das aber sachlogisch nicht sein kann, verwerfen sie diesen Gedanken wieder.

Vor dem Hintergrund des hohen Windelverbrauchs und der nicht unerheblichen Distanz zum nächsten Drogeriemarkt haben sich die beiden frühzeitig dazu entschlossen, Emils Windeln beim Onlinedienst www.vollewindel.de zu bestellen.

Die Möglichkeit, größere Windelmengen online zu bestellen, ist zwar praktisch, führt aber regelmäßig zu Diskussionen zwischen den jungen Eltern. Während Anne aufgrund diverser Unwägbarkeiten in Verbrauch und

Angebot (Szenario: Emil hat Durchfall bei simultanem Streik der Produktionsmitarbeiter von Pampers, Baby Charm, babylove, babydream und Moltex) gerne mehrere hundert Windeln vorhalten möchte, stört es Dirk, wenn erhebliche Teile ihrer gerade mal 45 Quadratmeter umfassenden Stadtwohnung mit Windelkartons zugestellt sind. Daran ändert auch nichts, dass leere Windelkartons Nutzeffekte mit Blick auf die Lagerhaltung von Kleidung für etwaige zukünftige Geschwister Emils vorweisen können. Es gilt also, die optimale Bestellmenge bei Berücksichtigung des Windelverbrauchs zu bestimmen. Es handelt sich mithin um ein klassisches Lagerhaltungsproblem.

Die Lösung

Um sich einen ersten Überblick über die Problemsituation zu verschaffen, analysiert Dirk zunächst den Windelverbrauch der letzten Wochen und stellt diesen grafisch dar (Abbildung 8). Hierbei stellt Dirk fest, dass er immer genau dann eine Nachbestellung vorgenommen hat, wenn der Windelbestand auf die minimale Menge W_{min} abgesunken ist. Die Nachbestellung hat den Bestand dann wieder auf das Niveau W gehoben. Da Emils Windelverbrauch erstaunlich konstant ist, erfolgten die Nachbestellungen immer im gleichen zeitlichen Abstand t. Somit ergibt sich die in Abbildung 8 dargestellte Kurve in Form eines Sägezahns mit gleichen Abständen zwischen den Spitzen.

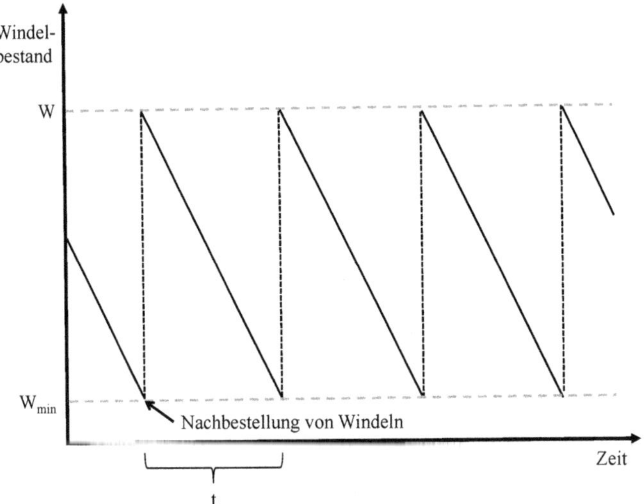

Abbildung 8: Lagerbestandskurve an Windeln

Das Ziel muss es nun sein, eine Windelbestandspolitik abzuleiten, mit der die optimale Bestellmenge an Windeln realisiert werden kann, welche die Summe der bestellfixen Kosten und Lagerhaltungskosten minimiert.

Bestellfixe Kosten fallen bei Dirks Windelbestellungen in Form von Versandkosten unabhängig vom Bestellvolumen an. Lagerhaltungskosten muss Dirk für die Bevorratung von Windeln ansetzen. Hierbei muss zum einen der Platzverbrauch durch die Windelkartons kalkulatorisch in der Miete verrechnet werden, schließlich nehmen die Kartons mehrere Quadratmeter kostbaren Wohnraums ein. Zum anderen sind die Windeln auch nicht unbedingt als dekoratives Wohnelement geeignet: Durch die meterhoch gestapelten Kartons fühlt sich Dirk in seinem Wohnerlebnis gestört, so dass mentale Kosten berücksichtigt werden müssen.

Um nun die optimale Bestellmenge zu bestimmen, greift Dirk auf das bekannte Losgrößenmodell von Harris und Wilson zurück.[15] Hierbei muss er folgende Parameter beachten:

- Emils Windelverbrauch r in Stück pro Monat
- Die (fixen) Versandkosten K
- Den Preis pro Windel p
- Die Lagerhaltungskosten h pro Windel und Monat
- Die Windelbestellmenge x (bzw. die optimale Bestellmenge x^*)

Auf Basis der gegebenen Parameter ergibt sich folgende Gesamtwindelkostenfunktion:

$$K(x) = \frac{r \cdot K}{x} + r \cdot p + h \cdot \frac{x}{2}$$

Um nun die kostenminimale Bestellmenge zu berechnen, setzt Dirk die erste Ableitung der Gesamtwindelkostenfunktion

$$\frac{dK(x)}{dx} = -\frac{r \cdot K}{x^2} + \frac{h}{2}$$

gleich Null und löst die resultierende Gleichung nach x auf:

$$x^* = \sqrt{\frac{2 \cdot r \cdot K}{h}}$$

Dirk stellt natürlich sofort fest, dass der Preis pro Windel p in dieser Formel nicht mehr vorkommt. Da der eigentliche Windelpreis also keinerlei Relevanz für die optimale Bestellmenge hat, kann Dirk diese Formel ohne Limitationen zur Berechnung von x^* beim Kauf von (möglicherweise zukünftig verfügbaren) Premium-Windelprodukten wie zum Beispiel Pampers mit Goldkante, babylove Swarovski-Edition oder Moltex mit Einlagen aus Suri-Schafwolle übertragen.

Zuletzt kann Dirk auch die optimale Bestellperiode t^* ermitteln. Diese ergibt sich wie folgt:

$$t^* = \frac{x^*}{r}$$

Nach diesen im Gegensatz zu Emils faktischem Windelproblem recht trockenen Betrachtungen gilt es nun, die hergeleiteten Formeln mit Leben zu füllen. Dirks Analysen haben ergeben, dass Emil pro Monat $r = 100$ Windeln verbraucht. Die Versandkosten bei Dirks Lieblingsversandservice www.vollewindel.de betragen $K = 5{,}00$ €. Dirk kalkuliert zudem mit Lagerhaltungskosten pro Windel und Monat in Höhe von $h = 0{,}02$ €.

Durch das Einsetzen dieser Zahlen in die genannten Formeln erhält Dirk die kostenminimale Bestellmenge x^*

$$x^* = \sqrt{\frac{2 \cdot 100 \cdot 5}{0{,}02}} = 223{,}61 \approx 225 \text{ Windeln}$$

bzw. die optimale Bestellperiode t^*:

$$t^* = \frac{225}{100} = 2{,}25$$

Die Berechnungen machen deutlich, dass Dirk alle zweieinviertel Monate 225 Windeln bestellen sollte, damit bestellfixe Kosten und Lagerhaltungskosten minimiert werden.

Anne fürchtet allerdings, dass sich die von Dirk vorgenommenen Berechnungen als zu optimistisch herausstellen könnten. Denn nach Murphy's Law kommt es gerade an Feiertagen und Wochenenden zu Nachfrageschüben, was schnell zu existenziellen Versorgungsengpässen führen kann. Diese will Anne gegebenenfalls mit dem zweckentfremdeten Einsatz von Dirks Maßhemden kompensieren. Zudem könnte solch eine großzügige Lagerhaltungspolitik schnell dazu führen, dass Emil aus den bevorrateten Windeln herauswächst und das gelagerte Gut somit unbrauchbar wird.

Dirk ist von seinen Berechnungen allerdings so überzeugt, dass ihn Annes Drohung nicht weiter beunruhigt; vielmehr hat er bereits angefangen, die optimale Lagerhaltungspolitik für Milchpulver, Feuchttücher, Wickelunterlagen, Babybrei und Schnuller zu berechnen. Bleibt zu hoffen, dass Emils Nachfrage tatsächlich so konstant bleibt, wie vom Modell angenommen. Wenn nicht, so liegt dies natürlich ausschließlich in Emils irrationalem Verhalten begründet und nicht im Modell selbst. Denn so hat es Dirk in seinen wirtschaftswissenschaftlichen Einführungsveranstaltungen gelernt: Das Modell hat immer recht.

[15] Siehe Homburg, C. (2015). *Marketingmanagement: Strategie – Instrumente – Umsetzung – Unternehmensführung,* 5. Auflage, Gabler: Wiesbaden.

Make-or-Buy Babybrei

Das Problem

Emil kostete schon viel Geld, lange bevor er das erste Mal schreiend in den Armen der Hebamme lag. Kaum zeigte das erste unscharfe Ultraschallbild einen Knubbel, der nur mit sehr viel Fantasie als Embryo identifiziert werden konnte, lagen bereits unzählige Hochglanzkataloge mit Kinderzimmereinrichtungen, Kinderwagen und Kindersitzen auf dem Küchentisch.

Jetzt, da Emil einige Wochen auf der Welt ist, gilt es, dem hormongesteuerten Kaufrausch der Schwangerschaftsmonate mit einer sachlich orientierten Kostenanalyse entgegenzutreten. Hierzu ermittelt Dirk die Total Cost of Ownership (TCO) von Emil, aufgeschlüsselt nach Transport-, Lager-, Marketing- und Handlingkosten, Letztere differenziert nach Verbrauchsgütern (Handlingkosten I) und Gebrauchsgütern (Handlingkosten II).[16] Seine Analyse bringt ein erschreckendes Bild zutage (Abbildung 9). Alleine bis zu seinem ersten Geburtstag generiert Emil zu erwartende TCO von 6.090,-€! Und da sind noch nicht mal die erheblichen Mehraufwendungen für die Befriedigung des durch Stillen und Schlafmangel bedingten erhöhten Kalorienbedarfs von Anne inkludiert.

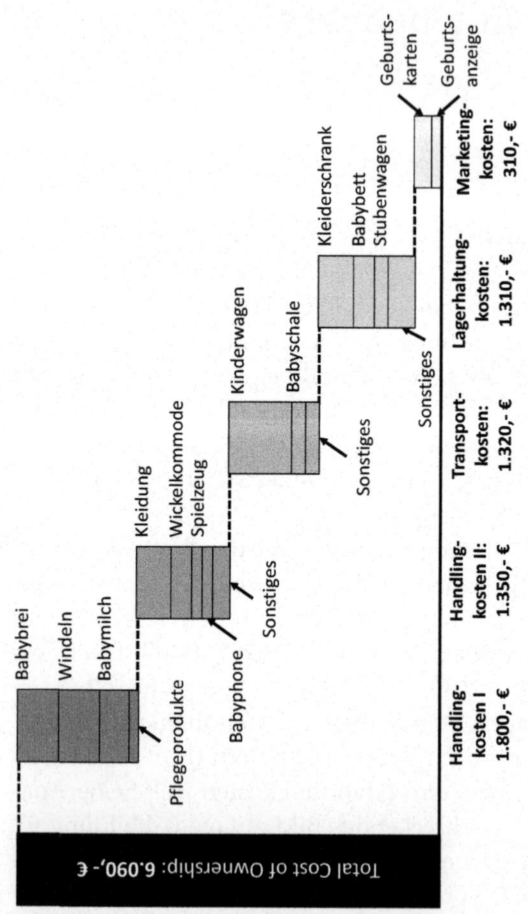

Hinweis: Handlingkosten I = Verbrauchsgüter; Handlingkosten II = Gebrauchsgüter

Abbildung 9: Wasserfalldiagramm der Total Cost of Ownership

Dieser Kostenexplosion gilt es, frühzeitig und offensiv im Rahmen eines rigiden Konsolidierungsprogramms („Fit for Future") entgegenzutreten. Allerdings muss Dirk schnell feststellen, dass die Einsparpotenziale sehr limitiert sind. Kosten für Transport und Lagerung sind bereits realisiert und auch die gebrauchsgutspezifischen Handlingkosten lassen in diesem Projektstadium kaum Freiheitsgrade zu. Einzig bei den verbrauchsgutspezifischen Handlingkosten bestehen Optionen. Einen großen Kostenblock stellen Windeln dar, die vor dem Hintergrund von Emils lebhafter Verdauung der ersten Wochen dem Terminus Fast-Moving Consumer Goods eine ganz neue Bedeutung geben (siehe Ausführungen zum optimierten Windelbestandsmanagement). Allerdings scheint hier der Übergang zu einer Eigenproduktion aufgrund der technischen Komplexität des Produkts wenig sinnvoll. Anders sieht es aber beim Babybrei aus, dessen Verabreichung ab dem 5. Monat vorgesehen ist und ursprünglich eingekauft werden sollte. Wäre es aus Kostensicht doch besser, im Zuge einer In-Sourcing-Strategie eine Babybreieigenproduktion zu realisieren? Oder sollte es beim geplanten Babybreifremdbezug bleiben? Es handelt sich also um ein klassisches Make-or-Buy-Problem, das es zu lösen gilt.

Die Lösung

Bevor die Kosten der Babybreieigenproduktion den Kosten des Fremdbezugs gegenübergestellt werden können, muss Dirk sicherstellen, dass keine wesentlichen Differenzen zwischen den beiden Breitypen existieren. Da von

Seiten Emils zu diesem Zeitpunkt keine dezidierte Einschätzung von Differenzen vorgenommen werden kann, entschließt sich Dirk dazu, 20 Freunde zu einer Blindverkostung der beiden Breitypen einzuladen. Hierbei wird jedem Teilnehmer entweder eine Portion Getreide-Obst-Brei der Marke Spucki Luke oder eine entsprechende selbstproduzierte Variante nach dem alten Familienrezept von Oma Hildegard (Abbildung 10) vorgesetzt. Die Zuordnung der jeweiligen Portion wird hierbei nicht offenbart.

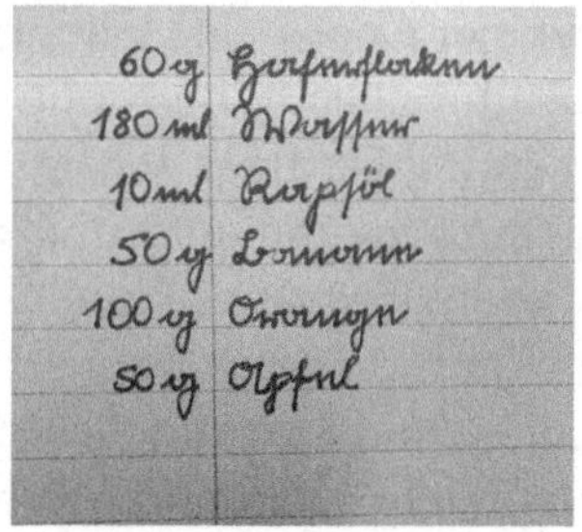

Abbildung 10: Oma Hildegards Babybrei-Rezept

Im Anschluss an die Verkostung des Breis muss jeder Teilnehmer einschätzen, ob der verkostete Brei in Eigenproduktion entstanden ist (Oma Hildegards Familienrezept) oder fremdbezogen wurde (Spucki Luke). Die Ergebnisse der Blindverkostung fasst Dirk in einer Kreuztabelle zusammen, welche die Einschätzungen der Befragten und die tatsächlichen Ausprägungen der Breitypen gegenüberstellt (Tabelle 12). So haben beispielsweise fünf der Befragten einen eigenproduzierten Babybrei als solchen identifiziert; gleichzeitig haben aber genauso viele Befragte den eigenproduzierten Babybrei als fremdbezogenen Typ klassifiziert.

		Einschätzung des Breityps	
		Eigen-produktion	Fremdbezug
Tatsächlicher Breityp	Eigen-produktion	5	5
	Fremd-bezug	6	4

Tabelle 12: Kreuztabelle der Ergebnisse des Blindtests

Mit Hilfe eines χ^2-Unabhängigkeitstests untersucht Dirk, ob ein Zusammenhang zwischen dem tatsächlichen Breityp und der Einschätzung der Befragten besteht.[17] Der sehr niedrige χ^2-Wert von 0,202 deutet aber darauf hin, dass keinerlei Zusammenhang zwischen den beiden Variablen besteht. Dementsprechend wird die Make-or-Buy-Entscheidung nicht durch etwaige Differenzen in der Einschätzung der Breitypen erschwert und kann auf einen einfachen Kostenvergleich reduziert werden. Um diesen Kostenvergleich zu realisieren, muss Dirk nun alle Kosten der Eigenproduktion und des Fremdbezugs erfassen.

Bei der Eigenproduktion von Babybrei fallen einerseits variable Kosten an, also solche Kosten, die abhängig von der zubereiteten Breimenge sind. Hierzu gehören neben den Materialkosten auch zeitliche Kosten, die durch das

Waschen, Schälen und Pürieren der Zutaten bedingt sind. Andererseits fallen auch Kosten an, die unabhängig von der produzierten Breimenge sind und damit einen fixen Charakter haben. Hierunter fallen zeitliche Rüstkosten, die aus Aktivitäten wie dem Studium des Rezeptes oder dem Abwasch der Küchenutensilien resultieren.

Auf Grundlage seiner umfassenden Preisrecherchen im lokalen Supermarkt beziffert Dirk die Materialkosten für Rapsöl, Obst und Haferflocken auf 1,27 € pro 500g Babybrei. Zudem gilt es, die Wasserkosten zu berechnen. Da die lokalen Stadtwerke den Kubikmeter Wasser mit 1,78 € berechnen, fallen die Wasserkosten pro 500g Babybrei mit 0,0004 € eher gering aus.

Was die zeitlichen Produktionskosten anbelangt, so zeigt eine detaillierte Zeiterfassung nach den Prinzipien des Verbands für Arbeitsgestaltung, Betriebsorganisation und Unternehmensentwicklung (REFA), dass Dirk für die nötigen Arbeitsschritte genau 11 Minuten und 32 Sekunden benötigt. Dirk legt ferner den gesetzlichen Mindestlohn von 8,84 € zu Grunde. Er ist sich allerdings nicht ganz sicher, ob das babybreiproduzierende Gewerbe so wie Zeitungsausträger, Gurkenpflücker und gefühlte 56.324 andere Berufsgruppen vom Mindestlohn ausgenommenen ist. Um hier eine rechtlich belastbare Antwort zu bekommen, wären die mit der Lösung der Fragestellung verbundenen Honorare einer Großkanzlei für Arbeitsrecht jedoch vermutlich höher als Emils TCO. Darum entschließt sich Dirk, mit 8,84 € zu rechnen, und setzt damit 1,70 € als kalkulatorische zeitliche Kosten der Babybreieigenproduktion an.

Insgesamt belaufen sich die variablen Eigenproduktionskosten für 500g Babybrei damit auf 2,97 € (1,27 + 0,0004 + 1,70). Um eine Vergleichbarkeit mit den handelsüblichen Portionsgrößen von 190g pro Gläschen Babybrei sicherzustellen, bezieht Dirk die variablen Eigenproduktionskosten auf die benannte Portionsgröße. Folglich ergeben sich 1,13 € (2,97 ÷ 500 · 190) variable Kosten pro Portion Babybrei.

Zudem muss Dirk Fixkosten der Babybreiproduktion berücksichtigen. Fixe Kosten entstehen durch vor- und nachgelagerte Rüstaufgaben, die nach Dirks detaillierter Zeiterfassung genau 19 Minuten und 12 Sekunden in Anspruch nehmen. Dementsprechend setzt Dirk rund 2,83 € für diese Position an.

Die so ermittelten Kostenarten lassen sich in der folgenden Babybreieigenproduktionskostenfunktion K_{Eigen} abbilden, welche die Gesamtkosten in Abhängigkeit der Anzahl der Portionen P definiert:

$$K_{Eigen} = 2{,}83 + 1{,}13 \cdot P$$

Entsprechend der vorherigen Überlegungen recherchiert Dirk den handelsüblichen Preis für ein 190g-Glas, den er final mit 1,39 € beziffert. Fixkosten setzt Dirk nicht an, da er davon ausgeht, dass die Breibeschaffung im Zuge des üblichen Wocheneinkaufs realisiert werden kann. Damit ergibt sich die folgende Babybreifremdbezugskostenfunktion K_{Fremd}:

$$K_{Fremd}=1{,}39 \cdot P$$

Dirk stellt die beiden Kostenfunktionen grafisch einander gegenüber und erhält so die Darstellung in Abbildung 11. Dementsprechend ist der Fremdbezug bis zu einer kritischen Menge von etwa elf Portionen Babybrei kostengünstiger als die Eigenproduktion. Liegt die Menge über dem kritischen Niveau, ist hingegen die Eigenproduktion vorzuziehen.[18]

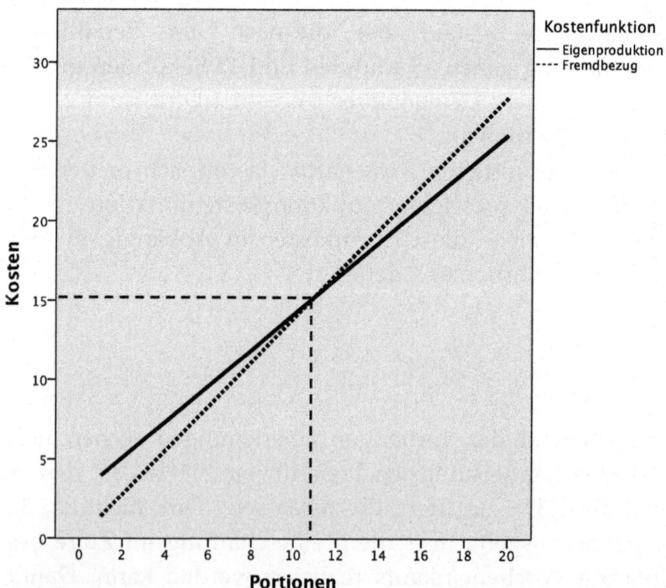

Abbildung 11: Kostenfunktionen Eigenproduktion vs. Fremdbezug

Bei der finalen Entscheidung für eine Eigenproduktion oder einen Fremdbezug gilt es, unterschiedliche Aspekte zu berücksichtigen. So ist beispielsweise damit zu rechnen, dass Emil ein gewisses Variety-Seeking-Verhalten an den Tag legen wird. Sollte er größere vorproduzierte Breimengen verschmähen, so müsste Dirk diese so lange bevorraten, bis Emil wieder Freude an Oma Hildegards Getreide-Obst-Brei hat. Dies würde mittelfristig allerdings zu Verderb und damit zu außerplanmäßigen Kostenbelastungen führen. Gleichzeitig geht aber auch der Fremdbezug mit Folgebelastungen einher, die bislang keine Beachtung fanden. So besteht Anne darauf, dass Dirk die gebrauchten Babybreigläser akribisch ausspült, ein Umstand, an dem auch Dirks Hinweise auf die dadurch verschlechterte Umweltbilanz der Gläser und die Nutzlosigkeit dieser Tätigkeit vor dem Hintergrund der weiteren Verarbeitung der recycelten Gläser nichts ändern konnten. Zudem muss Dirk in regelmäßigen Abständen die leeren Babybreigläser im Glascontainer entsorgen, der nach einer Mischung aus ranzigem Gurkenwasser, Bier und Wein riecht.

Insgesamt sieht Dirk diese Folgebelastungen des Fremdbezugs aber als akzeptabel an, so dass er sich vor dem Hintergrund der Kosten- und Lagerhaltungssituation für die Beibehaltung des geplanten Fremdbezugs entscheidet.

Allerdings hat die Betrachtung der Folgebelastungen Dirk gezeigt, dass er für eine vollständige Erfassung der TCO auch weitere, indirekte Kosten einbeziehen muss. Aus Berichten erfahrener Eltern weiß Dirk beispielsweise, dass Nachwuchs den Wert eines jeden Autos mit sofortiger Wirkung halbiert. Schuhabdrücke und Kratzer auf der Türinnenseite, vergammeltes Obst und Brotreste unter dem Beifahrersitz, Saftflecken auf den Polstern und Krümel in jeder erdenklichen Ecke verunstalten nach kürzester Zeit den Wageninnenraum. Ein Glück, dass Gebrauchtwagenportale wie mobile.de noch nicht den Hinweis „Kinderfahrzeug" in ihre Suchabfrage aufgenommen haben. Ähnlich sieht es mit der Wertentwicklung von Teppichen und jeglicher Art von Polstermöbeln aus, die nach kürzester Zeit Spuren von Milch, Brei, Erbrochenem und weiteren Körperflüssigkeiten aufweisen, was streng genommen eine Entsorgung im Sondermüll notwendig machen würde. Allerdings entziehen sich diese indirekten Kosten einer genauen Operationalisierbarkeit. Zudem lässt sich eine verursachungsgerechte Zuordnung der Kosten nicht immer realisieren. Vor diesem Hintergrund belässt es Dirk für den Augenblick bei der naiven TCO-Betrachtung und akzeptiert schweren Herzens, dass nicht alle Kosten in Geldeinheiten ausgedrückt werden können.

---

[16] Götze, U., Weber, T. (2008). ZP-Stichwort: Total Cost of Ownership, *Zeitschrift für Planung & Unternehmenssteuerung*, 19(2), 249-257.

[17] Sarstedt, M., Mooi, E. A. (2014). *A Concise Guide to Market Research. The Process, Data, and Methods Using IBM SPSS Statistics*, 2. Auflage. Springer: Heidelberg.

[18] Die genaue kritische Menge von 10,92 Portionen ergibt sich durch das Gleichsetzen der beiden Kostenfunktionen K_{Eigen} und K_{Fremd}.

Nächtliches Aufstehmanagement mit Markovketten

Das Problem

Dirk erinnert sich noch genau an die Szene aus dem Fernsehfilm, den Anne und er kurz vor Emils Geburt gesehen haben. Etwas verschlafen, aber freudestrahlend kommt Papa um 4 Uhr morgens in das Kinderzimmer des soeben aufgewachten Babys, streichelt dem kleinen Wurm sanft über den Kopf und gibt ihm einen Kuss, woraufhin der Kleine sogleich wieder ins Traumland segelt. Doch die Realität sieht etwas anders aus. Nacht für Nacht schleicht Dirk mit dem schreienden Baby auf dem Arm zombiehaft durch die Wohnung und versucht in seiner Schlaftrunkenheit, kritische Hindernisse wie Bodenvasen, Wäscheständer und Couchtische zu umschiffen. Natürlich hat Dirk seine Optimierungsbemühungen schon auf die Schaffung optimaler Einschlafbedingungen gerichtet und diverse Kombinationen von Schrittfrequenz, Wiegegeschwindigkeit und Schlafliedern ausprobiert. Letztere haben darüber hinaus eine extrem unangenehme Nebenwirkung: Sie scheinen irgendwo zwischen Amboss und Steigbügel in Dirks Innenohr haften zu bleiben und verfolgen ihn mit ihren so einfachen wie eingänglichen Melodie-Text-Mustern bis in den eigenen Schlaf.

Leider zeigt sich Emil von Dirks Optimierungsbemühungen gänzlich unbeeindruckt. Anne hingegen meistert die Nachtschichten deutlich besser. Dieser Umstand soll aber keine Entschuldigung dafür sein, dass Dirk sie nachts alleine ins Feld schickt. Dirk fragt sich, wie Anne und er die Nachtschichten mit Emil aufteilen können, damit sie insgesamt möglichst wenig Zeit mit nächtlichen Einschlafritualen verbringen. Es gilt also, das nächtliche Aufstehmanagement zu optimieren.

Die Lösung

Dirks detaillierte Analysen haben ergeben, dass Emil etwa 30 Minuten benötigt, bis er abends eingeschlafen ist. Zudem findet Dirk heraus, dass Emil durchschnittlich dreimal nachts aufwacht und jeweils unterschiedlich lange braucht, um wieder in den Schlaf zu finden.

Wenn Anne aufsteht, so reduziert sich Emils Einschlafdauer gegenüber dem vorherigen Zeitpunkt mit einer Wahrscheinlichkeit von 80% um 5 Minuten und bleibt mit einer Wahrscheinlichkeit von 20% konstant. Steht hingegen Dirk auf, so bleibt die Einschlafdauer gegenüber dem vorherigen Zeitpunkt mit Sicherheit konstant, da er sich bei den nächtlichen Einschlafritualen nicht annähernd so geschickt anstellt wie Anne – das ist zumindest Annes Theorie. Dirk führt das Phänomen darauf zurück, dass er Emil mit einem Barry-White-ähnlichen Bass in den Schlaf bringt. Annes Singsang hingegen fällt eher in die Kategorie Katzenjammer, und Emil merkt schnell, dass ein weiteres Wachbleiben schlicht nicht lohnt. Im Ergebnis ist das aber egal. Um seine Nominierung zum „Vater des Jahres" durch die Gleichstellungsbeauftragte seines Arbeitgebers nicht zu gefährden, möchte Dirk mindestens einmal nachts aufstehen. Ziel ist es nun, die Gesamt-Einschlafdauer G zu minimieren.

Es handelt sich hierbei also um einen klassischen Markovschen Entscheidungsprozess.[19] Dieser Entscheidungsprozess ist durch die drei Einschlafdauer-Zustände $z_1 = 30$, $z_2 = 25$ und $z_3 = 20$ (jeweils in Minuten), die beiden Entscheidungen „Anne aufstehen" (A) und „Dirk aufstehen" (D) sowie die zuvor beschriebenen Wahrscheinlichkeiten der Zustände bestimmt.

Damit ergibt sich der in Abbildung 12 dargestellte Entscheidungsbaum. In der Abbildung werden Entscheidungen durch Pfeile (→) und zufallsgesteuerte Übergänge von einer Stufe zur nächsten durch Kanten (—) gekennzeichnet.

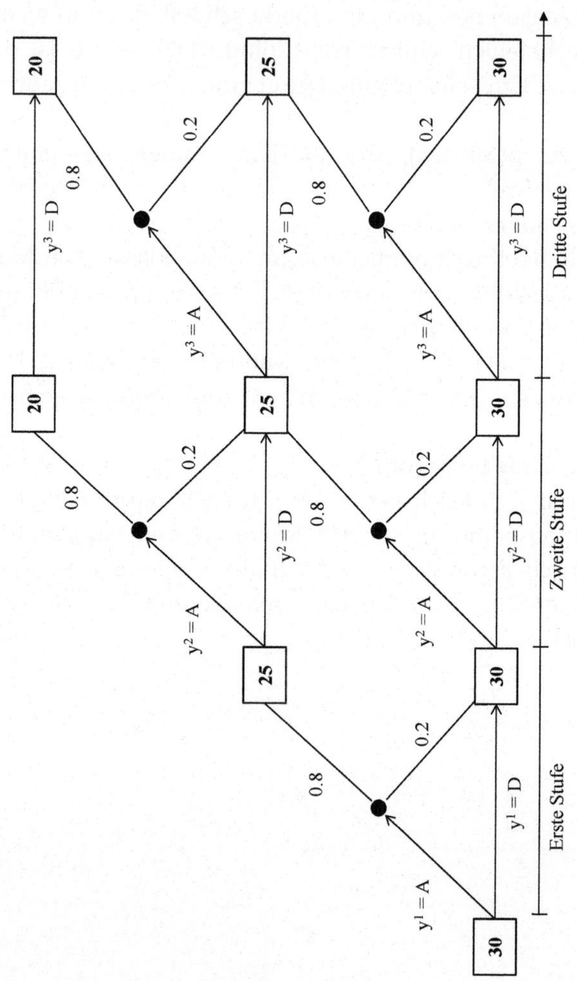

Abbildung 12: Entscheidungsbaum

Ziel ist es nun, die Entscheidungen y^1, y^2 und y^3 so zu wählen, dass die Gesamt-Einschlafdauer G minimiert wird. Auf Grundlage des Entscheidungsbaums kann Dirk problemlos den Erwartungswert der Gesamt-Einschlafdauer $E(G(y^1, y^2, y^3))$ für alle möglichen Kombinationen der Entscheidungen A und D zu den drei Zeitpunkten berechnen und die Ergebnisse vergleichen:

$$
\begin{aligned}
E\big(G(A,A,D)\big) &= 30 + 0{,}2 \cdot 30 + 0{,}8 \cdot 25 + 2 \\
&\quad \cdot (0{,}8^2 \cdot 20 + 2 \cdot 0{,}2 \cdot 0{,}8 \cdot 25 + 0{,}2^2 \cdot 30) \\
&= 100 \\
E\big(G(A,D,A)\big) &= 30 + \ 2 \cdot (0{,}2 \cdot 30 + 0{,}8 \cdot 25) + 0{,}8^2 \cdot 20 + 2 \\
&\quad \cdot 0{,}2 \cdot 0{,}8 \cdot 25 + 0{,}2^2 \cdot 30 = 104 \\
E\big(G(D,A,A)\big) &= 30 + \ 30 + 0{,}2 \cdot 30 + 0{,}8 \cdot 25 + 2 \cdot 0{,}2 \cdot 0{,}8 \\
&\quad \cdot 25 + 0{,}2^2 \cdot 30 + 0{,}8^2 \cdot 20 = 108 \\
E\big(G(A,D,D)\big) &= \cdots = 108 \\
E\big(G(D,A,D)\big) &= \cdots = 112 \\
E\big(G(D,D,A)\big) &= \cdots = 116 \\
E\big(D(D,D,D)\big) &= \cdots = 120
\end{aligned}
$$

Ein Vergleich der erwarteten Gesamt-Einschlafdauern zeigt, dass die Entscheidungsfolge *A, A, D* das optimale Ergebnis liefert. Wenn also zunächst Anne zweimal und zuletzt Dirk einmal pro Nacht aufstehen, so können die beiden die erwartete Gesamt-Einschlafdauer auf insgesamt 100 Minuten reduzieren. Würde hingegen beispielsweise erst Dirk zweimal aufstehen, gefolgt von Anne, so läge die erwartete Gesamt-Einschlafdauer bei 116 Minuten und damit 16% höher als in der optimalen Konfiguration.

Auf das Jahr gerechnet können Anne und Dirk damit etwas mehr als vier Tage einsparen!

Dirk ist mit diesem Ergebnis hoch zufrieden und stellt weitere Berechnungen an. Würde Anne ein drittes Mal aufstehen, so könnte die erwartete Gesamt-Einschlafdauer um weitere vier Minuten auf insgesamt 96 Minuten weiter reduziert werden. Auf das Jahr gerechnet ergäbe sich damit eine Zeitersparnis von über einem Tag. Aber ganz so leicht gestaltet sich die Angelegenheit natürlich nicht. Der mütterliche Mehraufwand müsste dann in größerer Regelmäßigkeit mit entsprechenden Maßnahmen ausgeglichen werden, um Anne wieder auf ein akzeptables Leistungsniveau zu führen. Insbesondere kommen hierfür Wellness-Tage in Betracht – diesem Thema widmet sich Dirk in seiner nächsten Analyse.

---

[19] Bamberg, G., Coenenberg, A. G., Krapp, M. (2012). *Betriebswirtschaftliche Entscheidungslehre,* 15. Auflage. Vahlen: München.

Wellness-Planung mit der deterministischen Simulation

Das Problem

Seitdem Emil auf der Welt ist, kann es Annes Terminplan in Sachen Komplexität problemlos mit dem der Bundeskanzlerin aufnehmen. Der kleine Unterschied ist nur, dass Anne keinen Stab von Sprechern, Assistenten, Fahrern, Experten etc. hat, der diese Komplexität für sie managen kann. Okay, Dirk fühlt sich manchmal wie der Stab, aber zu einer echten Entlastung trägt er, ehrlich gesagt, nur infinitesimal bei. Tätigkeiten wie Stillen, Wickeln, Kochen, Einkaufen, Baden, Babymassage, Babyschwimmen, PEKiP, Krabbelgruppe und Kinderarztbesuch wechseln einander in schneller Folge ab und müssen minutiös geplant werden. Zudem befindet sich Anne in ständiger Alarmbereitschaft (Tränen trocknen, Pipipfützen trockenlegen, Spucke wegwischen ...). Dies alles muss unter häufigem schrillem Babygeschrei gemeistert werden, dessen Lautstärke der einer F16 beim Katapultstart von einem Flugzeugträger nahe kommt.

Dementsprechend hat sich Annes Erscheinungsbild mit Augenringen bis zum Kinn, einem fahrigen Gesichtsausdruck und blassgrauer Gesichtsfarbe in den letzten Wochen nicht gerade zum Positiven entwickelt. Auch die in jüngster Zeit häufig auftretende Feststellung von Freunden und Bekannten „Du siehst aber fertig aus!" trägt nicht gerade zur Besserung von Annes Zustand bei.

Dirk hat dies natürlich erkannt und möchte Abhilfe schaffen. Er hat sich daher ausgedacht, Anne in regelmäßigen Abständen zu einer Wellnesswoche im *Desperate Mother's Spa* einzuladen. Fraglich ist nur, in welcher Frequenz die Wellness-Wochen eingerichtet werden sollen. Geschieht dies zu selten, könnte Anne eines Tages beim morgendlichen Betrachten des eigenen Spiegelbilds einen Schock bekommen. Doch zu häufige Wellnessauszeiten wären in Dirks Augen Ressourcenverschwendung und ein Ausdruck von spätrömischer Dekadenz, der seinen sonstigen Optimierungsbemühungen zuwider laufen würde. Abgesehen davon, muss Dirk während Annes Wellnesswochen den Babydienst übernehmen, was ihn, wenn zu häufig, selbst zu einem Mitglied der Zielgruppe des *Desperate Father's Spa* machen würde. In diesem Szenario hätte Dirk die abgestimmte Planung von zwei wechselseitig abhängigen Taktungen zu leisten, was methodisch über das Anspruchsniveau dieser Publikation hinausgeht und darum hier auch nicht weiter verfolgt wird.[20]

Die Lösung

Um die optimale Frequenz von Wellnesswochen zu bestimmen, muss Dirk zunächst ein passendes Zielkriterium definieren. Er wählt hierfür Annes Leistungsgrad, welcher sich aus einer Reihe von Faktoren, wie zum Beispiel ihrer

Reaktionszeit auf Emils Gebrüll, der Anzahl der Aufräumbemühungen pro Woche und der Anzahl der versäumten Termine pro Woche, ergibt.

Dirk hat beobachtet, dass Annes Leistungsgrad aufgrund Schlafentzugs im Zeitverlauf kontinuierlich sinkt und erst durch eine ausgiebige Wellnessauszeit wieder angehoben werden kann. Vor diesem Hintergrund ist es sinnvoll, nicht den absoluten Leistungsgrad, sondern den durchschnittlichen Leistungsgrad im Zeitverlauf zu betrachten, welcher zwischen 0 (Zombie) und 1 (Supergirl) variieren kann.[21]

Im Folgenden gilt es, einen funktionalen Zusammenhang zwischen Annes durchschnittlichem Leistungsgrad und ihrem prozentualen Leistungsrückgang zu bestimmen. Wenn x_i Annes Leistungsgrad in der Woche *i* nach einer Wellnessauszeit beschreibt, so ergibt sich für den durchschnittlichen Leistungsgrad nach t+1 Wochen:

$$y_t = \frac{1}{1+t}\sum_{i=1}^{t} x_i$$

Der Leistungsgrad x_i in der Woche i nach einer Wellnessauszeit ergibt sich aus $x_i = (1-r)^{i-1}$, so dass gilt:

$$y_t = \frac{1}{1+t}\sum_{i=1}^{t}(1-r)^{i-1} = \frac{1}{1+t}\sum_{i=0}^{t-1}(1-r)^{i}$$

Der durchschnittliche Leistungsgrad kann auch wie folgt ausgedrückt werden:

$$y_t = \frac{1}{1+t}\cdot\frac{1-(1-r)^t}{1-(1-r)} = \frac{1-(1-r)^t}{(1+t)\cdot r}$$

Mit der Zielsetzung $y_t \rightarrow$ max! ergibt sich ein nichtlineares Optimierungsproblem, das Dirk mit einer deterministischen Simulation lösen kann.[22] Hierfür gilt es, Annes prozentualen Leistungsrückgang pro Woche nach einer Wellnessauszeit zu schätzen. Auf Grundlage ihrer Augenringe und Gesichtsfarbe schätzt Dirk diesen auf 2%. Setzt Dirk diesen Wert in die obige Formel ein, so ergibt sich der in Abbildung 13 dargestellte Funktionsverlauf für t = 1,...,30.

Offenbar nimmt der durchschnittliche Leistungsgrad zunächst zu, um nach dem Erreichen des Maximums bei t = 10 wieder abzunehmen. Es ist also optimal, wenn Anne alle elf Wochen eine Wellnessauszeit einlegen kann. In diesem Fall wird ein maximaler durchschnittlicher Leistungsgrad von 83,15% erreicht.

Abweichungen von dem empfohlenen Wellnessintervall haben unmittelbare Leistungseinbußen zur Folge. Würde Dirk das Wellnessintervall beispielsweise auf 20 Wochen erhöhen, so ergäbe sich ein durchschnittlicher Leistungsgrad von gerade mal 79,14%. Kaum auszudenken, welche Einbußen in Annes Zufriedenheit solch eine Fehlentscheidung nach sich ziehen würde!

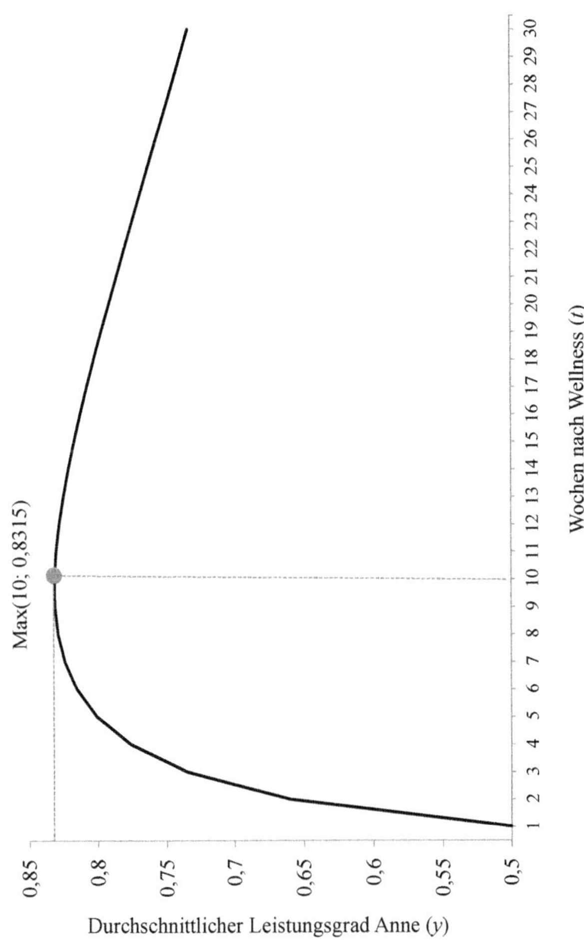

Abbildung 13: Entwicklung des durchschnittlichen Leistungsgrads

[20] Der Autor denkt jedoch über die Veröffentlichung einer weiterführenden Schrift zur Bewältigung der pubertären Schwierigkeiten nach. Da pubertäre Probleme umfassender und komplexer sind als die der frühkindlichen Phase (sprichwörtlich: „kleine Kinder – kleine Probleme, große Kinder – große Probleme"), rechtfertigen diese auch den Einsatz komplexerer Methoden zu deren Lösung.

[21] Streng genommen konvergiert der durchschnittliche Leistungsgrad gegen 0 und nimmt damit erst bei der Berücksichtigung eines unendlichen Zeithorizonts den Wert 0 an. Dieser Planungshorizont erscheint aber selbst Dirk als zu lang, so dass er diese kleine Ungenauigkeit ignoriert.

[22] Siehe Hauke, W., Opitz, O. (2003). *Mathematische Unternehmensplanung. Eine Einführung*, 2. Auflage. Books on Demand: Norderstedt.

Routenplanung für Kinderwagentouren mit genetischen Algorithmen

Das Problem

Dirk hat sich für den heutigen Tag viel vorgenommen. Er möchte mit Emil eine große Einkaufstour machen und zur Bäckerei, zur Metzgerei sowie zum Drogeriemarkt fahren. Zudem hat er noch einen Spielplatzbesuch eingeplant. Dirk weiß aber, dass Emil kein Freund von langen Kinderwagenfahrten ist. Mit Schrecken erinnert er sich an den – von ihm so genannten – Schwarzen Freitag, als sich Emil fernab von Zuhause die Lunge aus dem Leib brüllte, was die umstehenden bayerischen Grantl-Omas mit einem süffisanten „Ja, ja, is scho schee, dass si die Babas vo heit a a bissal a Mia ge'm" kommentierten.

Um Emils Wohlbefinden zu maximieren und zu verhindern, dass Dirk der Versuchung erliegt, ungebetene Kommentatoren in Rambo-Manier mit dem Kinderwagen zu überrollen, gilt es, die zu fahrende Route möglichst zu minimieren. Aber wie? Soll er zuerst den Spielplatz ansteuern, dann den Drogeriemarkt, den Metzger und letztendlich die Bäckerei? Oder soll er doch lieber beim Metzger starten? Als Dirk die anzusteuernden Stationen und

Distanzen in Einheiten von 100 Metern aufzeichnet (Abbildung 14), wird ihm schnell klar, dass eine Routenplanung ein komplexeres Problem darstellt, als er ursprünglich erwartet hat.

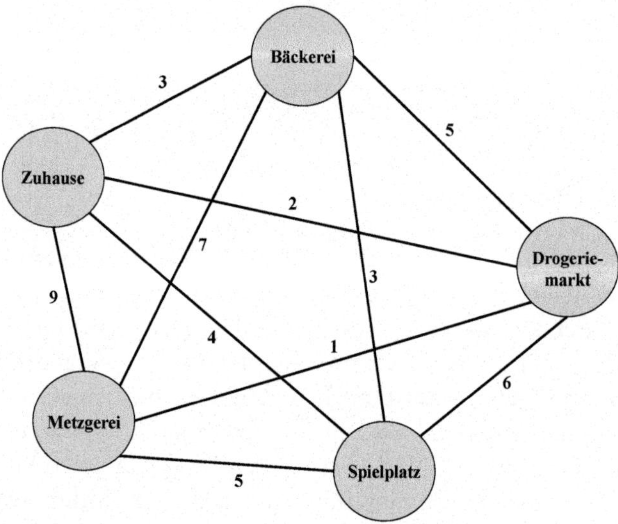

Abbildung 14: Einfaches Routenplanungsproblem mit Distanzangaben (in 100 Metern)

Die Lösung

Die intuitive Lösung des Planungsproblems besteht darin, einfach alle möglichen Routen aufzuzeichnen und die kürzeste auszuwählen. Bei dieser auch als *Brute-Force-Methode* bezeichneten Technik werden also alle möglichen Lösungen des Routenplanungsproblems erfasst und miteinander verglichen. Bei insgesamt fünf anzufahrenden Stationen (inklusive Zuhause) ergibt sich die Anzahl der möglichen Routen wie folgt:

$$\frac{(5-1)!}{2} = \frac{4!}{2} = \frac{4 \cdot 3 \cdot 2 \cdot 1}{2} = 12$$

Abbildung 15 illustriert die zwölf möglichen Routen des Routenplanungsproblems.

Ein Vergleich der Routenlängen zeigt, dass die Route Z → B → S → M → D → Z (bzw. Z → D → M → S → B → Z, da die Reiserichtung keine Rolle spielt) mit einer Länge von insgesamt 1,4 Kilometern das optimale Ergebnis liefert. Würde sich Dirk hingegen für die Route Z → S → D → B → M → Z entscheiden, wäre er stolze 3,1 Kilometer unterwegs! Dies würde zwar einen zusätzlichen Verbrauch von ca. 82 Kilokalorien bedeuten, zugleich aber die Fahrtzeit um geschätzt eine Stunde verlängern. Eine Wiederholung des Schwarzen Freitags wäre damit so sicher wie der nächste Pilotenstreik bei der Lufthansa.

So weit, so gut! Aber was ist, wenn zusätzlich zum schon geplanten Nachmittagsprogramm auch noch Tante Ilona und Onkel Otto besucht werden wollen? Zudem hat Emil schon zum Frühstück ein Schokoladeneis eingefordert und ließ sich nur mit viel Mühe und Not auf später vertrösten. Die Eisdiele muss also auch noch eingeplant werden. Schnell wird deutlich, dass die Erweiterungen die Komplexität der Routenplanung verschärfen. Nun müssen nicht mehr zwölf verschiedene Routen miteinander verglichen werden, sondern 2.520! Und sollten gar noch mehr

Anlaufpunkte hinzukommen (Apotheke, Blumenladen, Reinigung, Supermarkt etc.), so dass insgesamt 15 Stationen einzuplanen wären, müsste Dirk 43.589.145.600 Routen miteinander vergleichen. Bei solchen komplexen Routenplanungsproblemen stoßen die Brute-Force-Methode und Dirks Geduld schnell an ihre Grenzen.

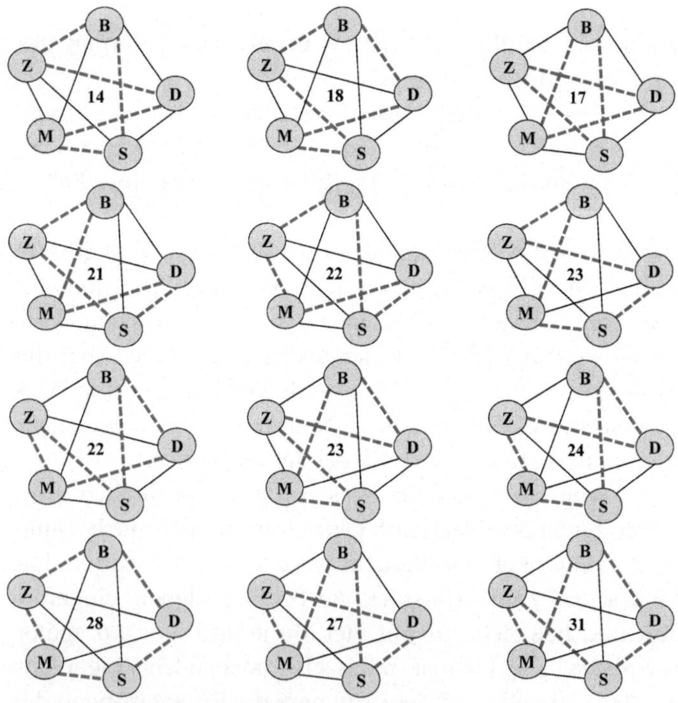

Z=Zuhause, B=Bäckerei, D=Drogeriemarkt, S=Spielplatz, M=Metzgerei

Abbildung 15: Routenvergleich mithilfe der Brute-Force-Methode (Distanzen in 100 Metern)

Glücklicherweise steht Dirk mit den *genetischen Algorithmen* ein leistungsfähiges Verfahren zur Verfügung, mit dem sich auch komplexere Routenplanungsprobleme näherungsweise lösen lassen.[23] Näherungsweise bedeutet, dass die Methode nicht notwendigerweise die optimale Route findet, aber zumindest eine ziemlich gute – und das in der Regel in sehr kurzer Zeit!

Genetische Algorithmen imitieren evolutionäre Prozesse in der Natur, in denen sich Individuen (Menschen, Tiere oder Pflanzen) im Laufe der Zeit an veränderte Umweltbedingungen angepasst haben. Hierbei folgen sie dem Darwin'schen Prinzip „Survival of the Fittest", nach dem sich tendenziell die unter gegebenen Umweltbedingungen besser angepassten Individuen gegenüber ihren Konkurrenten durchsetzen und damit ihr Erbgut weitergeben. Durch Anwendung biologischer Operatoren wie der Selektion und Mutation suchen genetische Algorithmen die Lösung mit der „höchsten Überlebenschance". Hierbei wird jede mögliche Lösung des Problems (im vorliegenden Beispiel also eine Route) durch ein Individuum repräsentiert. Es wird nun eine große Menge unterschiedlicher Individuen zufällig generiert, die in einem evolutionären Wettkampf über mehrere Generationen gegeneinander antreten. Zu diesem Zweck wird aus jeder Generation zunächst eine Menge von Individuen auf Zufallsbasis gewählt (Selektion). Hierbei hängt die Auswahlwahrscheinlichkeit eines jeden Individuums von seiner Fitness ab. Im Fall der Routenplanung entspricht die Fitness der inversen Routendistanz. Je kürzer die Route, die ein Individuum repräsentiert, desto höher seine Fitness. Individuen, die eine kurze Route repräsentieren, haben damit eine höhere Wahrscheinlichkeit, ausgewählt zu werden, als Individuen, die eine lange Route abbilden. Die ausgewählten Individuen werden nachfolgend leicht variiert, beispielsweise durch eine Änderung einzelner Routenabschnitte (Mutation), und in die nachfolgende Generation überführt.

Durch die Wiederholung von Selektion und Mutation über sehr viele Generationen hinweg entstehen neuartige Individuen, deren zugehörige Lösungen sich stetig verbessern. Erst wenn keine nennenswerte Verbesserung mehr eintritt oder eine maximale Anzahl von Generationen durchlaufen wurde, stoppt das Verfahren. Die dann gefundene beste Lösung wird als finale Lösung verwendet.

Dirk ist von diesem Ansatz begeistert und möchte gleich die optimale Lösung für eine Route mit 15 anzusteuernden Stationen (inklusive Zuhause) berechnen. Er führt die Analysen mit dem Statistikprogramm *Evolver* durch und verwendet zur Eingabe die folgende Distanzmatrix (Tabelle 13). Die Kombinationen von Spalten- und Zeilenelementen geben die jeweilige Distanz der Stationen an. So beträgt die Distanz zwischen Bäckerei (*B*) und dem Ententeich (*En*) beispielsweise stolze 900 Meter. Die Distanz einer Station zu sich selbst ist natürlich null; dieser Umstand wird durch die Diagonalelemente ausgedrückt.

	Z	B	D	S	M	A	Su	Bl	R	OO	TI	Ei	F	K	En
Z	0	3	2	4	9	8	3	2	1	5	7	1	2	9	3
B		0	5	3	7	2	5	1	3	4	6	6	6	1	9
D			0	6	1	4	7	7	1	6	5	9	1	3	4
S				0	5	2	1	6	5	4	2	1	2	1	3
M					0	9	1	1	2	1	3	6	8	2	5
A						0	3	5	4	7	8	3	1	2	5
Su							0	2	6	1	7	9	5	1	4
Bl								0	9	4	2	1	1	7	8
R									0	3	3	5	1	6	4
OO										0	9	1	8	5	2
TI											0	2	1	8	1
Ei												0	5	4	3
F													0	9	6
K														0	7
En															0

Z = Zuhause, B = Bäckerei, D = Drogeriemarkt, S = Spielplatz, M = Metzgerei, A = Apotheke, Su = Supermarkt, Bl = Blumenladen, R = Reinigung, OO = Onkel Otto, TI = Tante Ilona, Ei = Eisdiele, F = Fahrradladen, K = Kaufhaus, En = Ententeich

Tabelle 13: Distanzmatrix (Distanzen in 100 Metern)

Voller Enthusiasmus entscheidet sich Dirk dafür, den genetischen Algorithmus mit einer Million Generationen und jeweils 100.000 Individuen laufen zu lassen. Leider hat er dabei übersehen, dass die Berechnungen sehr viel Rechenkapazität benötigen, und er muss sich nun zwei

Wochen gedulden, bis diese abgeschlossen sind. Zudem darf er während der Berechnungen keine anderen Anwendungen öffnen, da dies die Rechenzeit verlangsamen und im schlimmsten Fall zu einem Systemabsturz führen würde. Steuererklärung, Versicherungsangelegenheiten, Dankesbriefe an die Verwandtschaft und andere Petitessen müssen daher warten. „Halb so wild. Hauptsache, mir unterläuft kein Planungsfehler", sagt sich Dirk.

Nach zwei Wochen gibt das Programm die folgende optimale Route mit einer Gesamtlänge von 1,7 Kilometern aus: Zuhause → Reinigung → Drogerie → Metzgerei → Blumenladen → Bäckerei → Apotheke → Fahrradladen → Tante Ilona → Ententeich → Onkel Otto → Supermarkt → Kaufhaus → Spielplatz → Eisdiele → Zuhause.

Die Leistungsfähigkeit des genetischen Algorithmus zeigt sich, wenn man die gefundene Route mit einer alternativen Route vergleicht. Würde Dirk beispielsweise die folgende Route wählen, wäre er ganze 12,1 Kilometer unterwegs.

Zuhause → Apotheke → Metzgerei → Bäckerei → Ententeich → Blumenladen → Reinigung → Spielplatz → Drogeriemarkt → Eisdiele → Supermarkt → Tante Ilona → Onkel Otto → Fahrradladen → Kaufhaus → Zuhause.

Mit solch einem mächtigen Verfahren im Rücken kann selbst eine noch so komplexe Routenplanung Dirk nicht aus der Ruhe bringen. Zumindest so lange, bis Emil mit dem Laufrad unterwegs ist. Aus diversen Berichten erfahrener Eltern weiß er, dass sich Kinder auf Laufrädern meistens den elterlichen Routenoptimierungswünschen entziehen und dringlicheren Fragen nachgehen, wie zum

Beispiel „Passe ich mit meinem Laufrad zwischen Hauswand und Stromkasten?", „Kann ich die Treppen runter fahren?" oder „Schau mal, ein(e) besonders schöne(r) Stein / Stock / Blätterhaufen / Zigarettenstummel / Pfütze / Blume / Scherbe / Strauch / ...".

Aber auch dafür hat Dirk eine Lösung: Er multipliziert die jeweiligen Distanzen einfach mit dem Faktor 5 (was eher konservativ gerechnet ist).

---

[23] Siehe Gerdes, I., Klawonn, F., Kruse, R. (2013). *Evolutionäre Algorithmen. Genetische Algorithmen – Strategien und Optimierungsverfahren – Beispielanwendungen.* Vieweg: Wiesbaden.

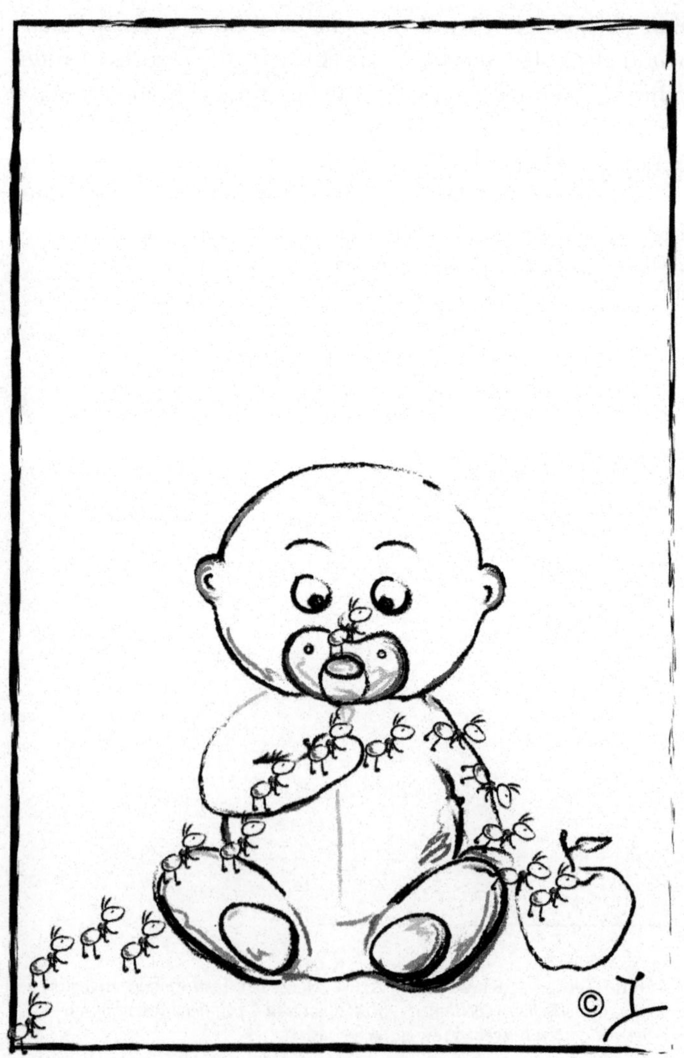

Wer sitzt neben Tante Ilona? Sitzordnungsplanung bei der Taufe mit Ameisenalgorithmen

Das Problem

Oft wird ihre Bedeutung unterschätzt, aber tatsächlich stellt die Taufe einen Grundpfeiler dafür dar, wie souverän sich der Nachwuchs einmal auf dem gesellschaftlichen Parkett bewegen wird. Denn die Taufe ist die erste große Feier, bei der Emil im Mittelpunkt steht. Eine misslungene Taufe könnte schwerwiegende Traumata auslösen und Emils Sozialverhalten in größeren Gesellschaften nachhaltig stören. Kaum auszudenken, was dies für zukünftige Auftritte auf dem Wiener Opernball, der Schaffermahlzeit oder dem Neujahrsempfang des Bundespräsidenten bedeuten würde!

Ein wesentlicher Erfolgsfaktor für das Gelingen der Taufe, der freilich vorab Kopfzerbrechen beschert, ist wie bei jeder größeren Feier die Sitzordnung. Sie lenkt nicht nur die sozialen Interaktionen in gewollte Bahnen, sondern legt zudem die Demarkationslinie zwischen zerstrittenen Verwandten fest und leistet somit einen wichtigen Beitrag zur Friedenssicherung. Eine schlecht durchdachte

Sitzordnung kann dafür sorgen, dass sich die Feier dramatisch schnell in eine desaströse Richtung bewegt. Mehrere unvorsichtig an einem Tisch platzierte Karnevalsfanatiker auf Entzug (von Dirk auch als „Alaafisten" bezeichnet) könnten die Gelegenheit nutzen, der Taufe einen ungewollt hedonistischen Spin zu geben, indem sie tradierte Rituale wie eine Polonaise ausrufen. Trinkfreudige Verwandte könnten gemäß dem Prinzip der Reziprozität mit Hilfe diverser Schnäpse und Liköre schnell schwindelerregende Promillezahlen erreichen. Schräge Lieder und Zoten, die es nicht einmal ins Nachtprogramm des Offenen Kanals schaffen würden, wären vorprogrammiert. Und mittendrin Emil, der solche Eskalationen wehrlos über sich ergehen lassen müsste. Das darf nicht passieren!

Die Lösung

Auf den ersten Blick scheint die Sitzordnungsplanung wenig Optimierungspotenzial zu bieten. Als feste Parameter sollten Anne, Emil und Dirk an einem Tisch sitzen. Ebenso sollten die Großeltern einen Tisch besetzen. Als problematischer erweist sich allerdings die Platzierung von Tante Ilona, Onkel Klaus, Onkel Otto und Onkel Stefan, deren Miteinander ein manifestes Konfliktpotenzial in sich birgt. Diese vier Verwandten müssten möglichst passend auf die beiden verbleibenden Zweiertische aufgeteilt werden. Annes Einwand, dass Dirk dieses Problem auch durch einfaches Ausprobieren lösen könnte, scheint auf den ersten Blick nicht ganz von der Hand zu weisen zu sein, schließlich sind nur drei Kombinationen möglich.

Allerdings offenbart Annes schnöde Äußerung ihr Unvermögen, die Schönheit eines Optimierungsalgorithmus anzuerkennen, welchen Dirk gerne mit Sandro Botticellis Gemälde „Die Geburt der Venus" vergleicht.

Um die Sitzordnung zu optimieren, entscheidet sich Dirk, einen Ameisenalgorithmus einzusetzen.[24] Hierbei handelt es sich um ein Verfahren zur Lösung kombinatorischer Optimierungsprobleme, das auf dem Konzept der Schwarmintelligenz von Ameisen beruht. Wenn Ameisen auf Nahrungssuche gehen, bewegen sie sich auf regelrechten „Straßen", die eine nahezu direkte Verbindung zwischen ihrem Bau und der Futterquelle darstellen. Sie tun dies, obwohl sie auf Grund ihrer Größe weder ihre Umgebung überblicken noch ihre genaue Position bestimmen können. Dass ihre Orientierung dennoch funktioniert, liegt an dem Duftstoff Pheromon, den vorangegangene Ameisen bei ihrer Nahrungssuche abgesondert haben. Denn Ameisen schwärmen auf der Suche nach Futter in sämtliche Richtungen aus und hinterlassen jeweils eine einfache Pheromonspur. Hat eine Ameise eine Futterquelle gefunden, kehrt sie entlang der eigenen Spur zu ihrem Bau zurück und markiert die zuvor eingeschlagene Route dadurch ein weiteres Mal. Wenn eine nachfolgende Ameise mehrere alternative Spuren findet, orientiert sie sich tendenziell an der stärksten Spur. Je stärker ein Weg mit Pheromon markiert ist, desto wahrscheinlicher ist es also, dass eine Ameise diesen Weg einschlagen wird. Dieser Mechanismus sorgt dafür, dass Ameisen vielversprechende Routen wählen, wobei auch stets weniger stark markierte Routen eine Wahrscheinlichkeit haben, ausgewählt zu werden. Was also kann Dirk von den kleinen Krabblern lernen? Um diese Frage zu klären, gilt es, zunächst eine Zielfunktion zu definieren.

Dirk möchte mit seinen Berechnungen eine Sitzordnung identifizieren, welche die gute Stimmung im Saal maximiert. Hierzu möchte er möglichst nur Verwandte an einem Tisch platzieren, die sich möglichst sympathisch finden, wobei offensichtliche Nebenbedingungen erfüllt sein müssen. So muss jeder Tisch mit zwei Personen besetzt und jeder Platz kann nur genau einer Person zugeordnet sein. Die Stärke der Sympathie zwischen den ausgewählten Personen lässt sich in einer Matrix S darstellen, wobei ein bestimmter Wert die Sympathie s_{ij} zwischen Person i und Person j beinhaltet. Diese Werte können zwischen 1 („Kuba-Krise") und 5 („perfekte Harmonie") liegen.

Die Sympathiematrix kann Dirk problemlos auf Basis seiner Erfahrungen bei unzähligen familiären Festivitäten im Feuerwehrgerätehaus seiner Heimatgemeinde und im Gasthaus „Zum goldenen Hirsch" aufstellen (Tabelle 14).

	Onkel Otto	Onkel Klaus	Tante Ilona	Onkel Stefan
Onkel Otto	3	1	5	2
Onkel Klaus	1	3	2	3
Tante Ilona	5	1	3	2
Onkel Stefan	3	2	1	3

Tabelle 14: Sympathiematrix *S*

Aus der Matrix wird sofort ersichtlich, dass die Sympathiewerte asymmetrisch verteilt sind. Onkel Ottos Sympathie für Onkel Stefan hat beispielsweise seit der letzten Familienfeier arg gelitten, als Onkel Stefan beschwingt nach diversen Cocktails eine äußerst fragwürdige Interpretation des Take-That-Hits „Relight my Fire" angestimmt hat. Als Folge bringt er Onkel Stefan nur noch eine sehr wohlwollende Sympathie in Höhe von 2 entgegen. Onkel Stefan hingegen kann sich an nichts mehr erinnern und bringt Onkel Otto nach wie vor eine Sympathie in Höhe von 3 entgegen. Ebenso verhält es sich zwischen Tante Ilona und Onkel Klaus. Auf der Diagonalen sind die „Eigensympathien" abgetragen, die einen neutralen Wert von 3 aufweisen.

Die Umsetzung des Ameisenalgorithmus folgt einem einfachen Ablaufschema: Zu Beginn befinden sich Onkel Otto, Onkel Klaus, Tante Ilona und Onkel Stefan außerhalb des Raums, betreten dann den Raum und suchen sich einen freien Platz an einem Tisch aus. Hierbei orientieren sie sich einerseits daran, wie sympathisch die Person ist, die gegebenenfalls schon am Tisch sitzt. Andererseits spielen auch die Pheromonwerte, die bereits auf den Tischen abgelegt sind, eine Rolle bei der Wahl. Diese Werte sind in einer Pheromonmatrix P_0 abgelegt (der Index zeigt an, dass es sich um die initiale Matrix handelt), die zufällig initialisiert wird und in Dirks Analyse die in Tabelle 15 beschriebene Form annimmt:

	Tisch 1	Tisch 2
Onkel Otto	0,2	0,4
Onkel Klaus	0,4	0,3
Tante Ilona	0,2	0,3
Onkel Stefan	0,5	0,1

Tabelle 15: Pheromonmatrix P_0

Je höher die Sympathie (*s*) ist, welche die in den Raum eintretende Person der bereits am Tisch platzierten Person entgegenbringt, und je mehr Pheromon (*p*) am Tisch abgelegt ist, desto wahrscheinlicher wird sie einen bestimmten Tisch wählen. Die Wahrscheinlichkeit *Prob*(*i*,*t*), dass Person *i* den Tisch *t* wählt, lässt sich wie folgt mathematisch ausdrücken:

$$Prob(i,t) = \frac{p_{it} \cdot s_{it}}{p_{i1} \cdot s_{i1} + p_{i2} \cdot s_{i2}}$$

In Dirks Analyse betritt Onkel Otto als Erster den Raum und kann sich nur an den initialen Pheromonwerten aus Matrix P_0 orientieren. Er wählt daher Tisch 2, weil der Pheromonwert dort höher ist als an Tisch 1 (0,4 vs. 0,2). Nun betritt Onkel Klaus den Raum und kann sich einerseits nach den Pheromonwerten richten und andererseits nach der Tatsache, dass an Tisch 2 bereits Onkel Otto sitzt. Gemäß der Sympathiematrix S hat dieser Tisch für Onkel Klaus einen Sympathiewert von 1, während Tisch 1 unbesetzt ist und daher einen neutralen Sympathiewert von 3 aufweist. Demnach ergibt sich die Wahrscheinlichkeit, Tisch 1 zu wählen, wie folgt:

$$Prob(2,1) = \frac{p_{21} \cdot s_{21}}{p_{21} \cdot s_{21} + p_{22} \cdot s_{22}} = \frac{0{,}4 \cdot 3}{0{,}4 \cdot 3 + 0{,}3 \cdot 1} = 0{,}8.$$

Die Gegenwahrscheinlichkeit für Tisch 2 lautet demnach:

$$Prob(2,2) = 1 - Prob(2,1) = 1 - 0{,}8 = 0{,}2.$$

Onkel Klaus wird also mit einer viermal so großen Wahrscheinlichkeit Tisch 1 gegenüber Tisch 2 bevorzugen. Über die endgültige Entscheidung für einen Tisch entscheidet eine Zufallszahl, die Dirk mit Hilfe der Monte-Carlo-Methode bestimmt (Abbildung 16). Die Monte-Carlo-Methode realisiert eine Zufallszahl von 0,58, so dass Onkel Klaus Tisch 1 wählt.

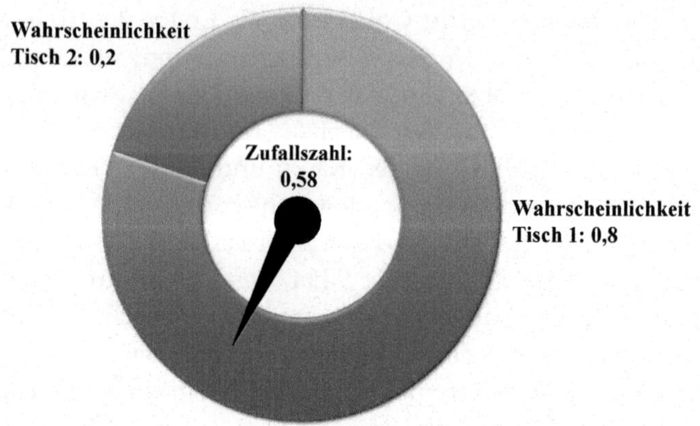

Abbildung 16: Monte-Carlo-Auswahl

Nun betritt Tante Ilona den Raum. Auf Grund der Anwesenheit von Onkel Klaus weist Tisch 1 einen Sympathiewert von 1 auf, während Tisch 2 auf Grund der Präsenz von Onkel Otto einen Sympathiewert von 5 hat. Als Auswahlwahrscheinlichkeit für Tisch 1 ergibt sich daher:

$$Prob(3,1) = \frac{p_{31} \cdot s_{31}}{p_{31} \cdot s_{31} + p_{32} \cdot s_{32}} = \frac{0,2 \cdot 1}{0,2 \cdot 1 + 0,3 \cdot 5} = 0,12.$$

und entsprechend für Tisch 2:

$$Prob(3,2) = 1 - 0,12 = 0,88.$$

Tante Ilona wird daher mit hoher Wahrscheinlichkeit Tisch 2 wählen. Da jeder Tisch mit genau zwei Personen zu besetzen ist, bleibt Onkel Stefan nun nichts anderes übrig, als sich zu Onkel Klaus an Tisch 1 zu setzen.

Da nun die Sitzordnung abgeschlossen ist, halten die Personen ihre Erfahrung mit Hilfe von Pheromon-Abgaben für ihre Nachfolger fest. Dazu wird zunächst die Gesamtsympathiesumme ermittelt. Diese ergibt sich auf Grund der Sitzordnung und beträgt im vorliegenden Fall den bereits sehr hohen Wert von $s_{13} + s_{24} + s_{31} + s_{42} = 5 + 3 + 5 + 2 = 15$. Bei der Pheromon-Abgabe werden nun diejenigen Komponenten von P_0, die zur realisierten Sitzordnung gehören, um die skalierte Gesamtsympathiesumme erhöht. Als Skalierungsfaktor wird hierbei das Produkt aus der Anzahl Tische (2) und Anzahl Personen (4) genommen – der Faktor beträgt also 8. Es ergibt sich also ein skalierter Wert von 15/8 = 1,875, der wie folgt den Elementen der initialen Pheromonmatrix P_0 (Tabelle 15) hinzuaddiert wird:

$$P_0 = \begin{pmatrix} 0{,}2 & 0{,}4 \\ 0{,}4 & 0{,}3 \\ 0{,}2 & 0{,}3 \\ 0{,}5 & 0{,}1 \end{pmatrix} \rightarrow P_1 = \begin{pmatrix} 0{,}2 & 2{,}275 \\ 2{,}275 & 0{,}3 \\ 0{,}2 & 2{,}175 \\ 2{,}375 & 0{,}1 \end{pmatrix}$$

Die neue Pheromonmatrix P_1 wird jedoch nicht unmittelbar zur erneuten Sitzplatz-Zuordnung verwendet, denn auf die Pheromonspur wirkt ein weiterer, der Natur nachempfundener Mechanismus. Ebenso wie Wind und Regen eine Ameisenspur abschwächen, kann auch ein virtueller Pheromonpfad verwittern. Hierdurch wird verhindert, dass ein einzelner Weg eine zu starke Anziehungskraft erlangt. Dirk setzt diesen Faktor auf den Wert 0,8. Multipliziert man diesen Faktor mit der Matrix P_1, so ergibt sich die folgende (verwitterte) Pheromonmatrix $\widetilde{P}_1$:

$$\widetilde{P}_1 = \begin{pmatrix} 0{,}16 & 1{,}82 \\ 1{,}82 & 0{,}24 \\ 0{,}16 & 1{,}74 \\ 1{,}9 & 0{,}08 \end{pmatrix}$$

Nachdem die erste Iteration nun abgeschlossen ist, beginnt der Ameisenalgorithmus von vorne. Erneut betreten Onkel Otto, Onkel Klaus, Tante Ilona und Onkel Stefan gedanklich nacheinander den Raum. Bei ihrer Platzwahl orientieren sie sich an den Sympathiewerten sowie an den Werten der neuen Pheromonmatrix $\widetilde{P}_1$ aus der letzten Iteration des Algorithmus.

Onkel Otto wird erneut Tisch 2 wählen. Für Onkel Klaus haben die Tische erneut Sympathiewerte s_{21}=3 und s_{22}=1. Mit den neuen Pheromonwerten ergibt sich folgende Auswahlwahrscheinlichkeit für Tisch 1:

$$Prob(2{,}1) = \frac{p_{21} . s_{21}}{p_{21} . s_{21} + p_{22} . s_{22}} = \frac{1{,}82 \cdot 3}{1{,}82 \cdot 3 + 0{,}24 \cdot 1} \approx 0{,}9579$$

Ebenso deutlich gestaltet sich Tante Ilonas Auswahlwahrscheinlichkeit für Tisch 2:

$$Prob(3{,}2) = \frac{p_{32} . s_{32}}{p_{31} . s_{31} + p_{32} . s_{32}} = \frac{1{,}74 \cdot 5}{0{,}16 \cdot 1 + 1{,}74 \cdot 5} \approx 0{,}9819$$

Die Werte stabilisieren sich, und es scheint sich an der Tischordnung nichts mehr zu ändern. Damit scheint das Sitzordnungsplanungsproblem gelöst zu sein. Allerdings muss Dirk bei genauerem Überlegen feststellen, dass seine Optimierungsbemühungen nicht weit genug gehen. So fragt er sich, ob es zu einer Lösungsänderung kommt, wenn die Verwandten zufällig den Raum betreten. Zudem müsste er streng genommen auch die Laufwege zu den Toiletten oder zum Buffet dahingehend optimieren, dass jede Begegnung von unliebsamen Verwandten ausgeschlossen wird. Allerdings ist beispielsweise Onkel Otto bekannt dafür, dass er jede Komponente des Büffets isst, gerne auch mehrmals. Die Verwandtschaft hat ihn Büffet-Monster getauft und schließt mittlerweile Wetten ab, ob er sich von links nach rechts oder rechts nach links durch das Büffet frisst. Sein Bewegungsprofil vorherzusagen, gleicht einem Lotteriespiel. Ebenso ist das Laufverhalten von Tante Ilona (auch NSA-Tante genannt) schwierig vorhersehbar. Wie ein Phantom bewegt sie sich durch den Raum, um den neuesten Verwandtschaftsklatsch zu erfassen.

Vor dem Hintergrund dieser ganzen Unwägbarkeiten überlegt Dirk, die Taufe gleich ganz abzusagen. Den Verwandten könnte er sagen, dass Anne und er einer Sekte beigetreten sind, die Wasser nur aus Alu-Hüten trinkt und ansonsten jede Art von Kontakt mit dem kühlen Nass ablehnt. Dies hätte einige ganz vorteilhafte Nebeneffekte, beispielsweise mit Blick auf die nicht unerheblichen Kosten, die eine Tauffeier nach sich zieht. Da Anne aber sofort ein entsetztes wie auch entschiedenes Veto einlegt, verwirft Dirk diesen Gedankengang sofort, auch mit Blick auf eine Maximierung des Haussegens.

---

[24] Wessler, M. (2012). *Von der klassischen Spieltheorie zur Anwendung kooperativer Konzepte,* Gabler: Wiesbaden. Siehe auch Ringle, C. M., Boysen, N. (2005). Ameisen-Algorithmen und das Hochzeitsproblem. *Das Wirtschaftsstudium, 34*(3), 327-332.

Prognose von Spielplatzfreundschaften mit der Netzwerkanalyse

Das Problem

Der Spielplatz ist nicht nur essentiell, um Emils motorische Fähigkeiten schon im jüngsten Alter zu entwickeln. Hier lernt Emil spielerisch die sozialen Kompetenzen, die für den späteren beruflichen Erfolg unerlässlich sind: soziale Interaktion (unliebsame Konkurrenten von der Schaukel schubsen und sich dann bei den Eltern beschweren, falls sie sich revanchieren), Durchsetzungsvermögen (sich geschickt an der Schaukel vordrängeln bzw. „aktiv" anstellen) und effizientes Ressourcenmanagement im Zeitalter der Sharing Economy (fremdes Spielzeug „ausleihen"). Gleichzeitig gilt es aber auch, sich charmant gegenüber solchen Kindern zu zeigen, die einem im späteren Leben einmal nützlich sein könnten. So manche Spielplatzfreundschaft hat sich schon als hilfreich bei der Vergabe von Aufträgen, Vermittlung von Arbeitsplätzen oder sonstigen Gefälligkeiten erwiesen. Vor diesem Hintergrund erscheint es nur konsequent, wenn Dirks helfende Hand die eine oder andere vielversprechende Spielplatzbeziehung durch kleine Aufmerksamkeiten wie Gummibärchentüten oder Eiscreme fördert. Andere, weniger attraktive Verbindungen sollten hingegen besser frühzeitig desinvestiert beziehungsweise im Sinne der BCG-Matrix aufgrund ihrer schlechten Wachstumsaussichten aus dem Freundschaftsportfolio entfernt werden.

Allerdings sind Beziehungen auf einem Spielplatz höchst dynamische Gebilde, denn eine anfängliche Sympathie kann sehr schnell in Antipathie umschwingen und andersrum. So wird eine bestehende Freundschaft zwischen Emil und Karl beispielsweise geschwächt, wenn Emil eine solide Feindschaft zu Cornelius hegt und pflegt, sein Freund Karl aber mit Cornelius befreundet ist. Bestehende Freundschaften und Feindschaften werden also durch die Beziehungen zu Dritten gestärkt oder geschwächt, je nachdem, wie ausgeprägt die relative Sympathie oder Antipathie ist. Diese Dynamik gilt es in der optimalen Allokation von freundschaftsfördernden Ressourcen zu berücksichtigen.

Die Lösung

Um die Entwicklung der Spielplatzfreundschaften zu analysieren, greift Dirk auf den von Seth Marvel und Kollegen entwickelten Ansatz zur Untersuchung von Netzwerkstrukturen zurück.[25] Um die Analyse zu initialisieren, muss Dirk zunächst einen Netzwerkgraphen erstellen, dessen Knoten die Beteiligten und Kanten deren Beziehungen darstellen. Letztere können auf einem Kontinuum zwischen -1 (totale Ablehnung) und +1 (totale Sympathie) liegen. Auf Grundlage seiner endlosen Spielplatzbesuche hat Dirk schnell alle Beteiligten und deren Beziehungen identifiziert. Da hätten wir zum einen **Cornelius,** der die Waldorf-Kita besucht, stets eine mauvefarbene Cordhose trägt und nur rechtsdrehendes, bei Vollmond abgefülltes Wasser aus Glasflaschen trinkt (der Weichmacher wegen). **Cornelius** erfreut sich daher generell nicht größter Beliebtheit, so auch nicht bei Emil. Anders sieht es hingegen bei den Zwillingen **Karl** und **Friedrich** aus, die jeden Nachmittag vom schwedischen Au Pair im Twin-Bugaboo mit umgehängter Prada-Wickeltasche am Spielplatz vorgefahren werden. Zwar machen sie sich mit ihren salzfreien Gebäck-Flûtes kulinarisch nicht gerade beliebt, aber die Knigge-Förderung in ihrer Kita schindet im Allgemeinen – und bei **Emil** im Besonderen – Eindruck. Zuletzt wäre da noch **Oliver**, dessen Helikoptermutti sich eine einem Chamäleon ähnliche Wahrnehmung antrainiert hat und volle 360 Grad und bis zu einem Kilometer scharf sehen kann. Sollte **Oliver** trotz Intensivüberwachung doch mal einen Kratzer davontragen, fährt sie gleich mit einem Arsenal an Sprays, Cremes, Arnika-Kügelchen und Pflastern auf. Kein Wunder, dass dies **Olivers** allgemeine Beliebtheit nicht hochschnellen lässt. Auf der anderen Seite lehrt **Olivers** individuelle Machtlosigkeit ein gesundes Maß an Demut, und er bringt darum instinktiv für die Cordhose von **Cornelius** mehr Verständnis auf als beispielsweise **Friedrich**.

Auf Basis seiner Beobachtungen entwickelt Dirk den in Abbildung 17 dargestellten Netzwerkgraphen, wobei er davon ausgeht, dass die Beziehungen symmetrisch sind.[26] Die dort beschriebenen Beziehungen lassen sich auch in

Form einer Adjazenzmatrix mit den Elementen x_{ij} darstellen (Tabelle 16), welche die Sympathie zwischen Baby *i* und Baby *j* wiedergeben (*i*, *j*=1,...5).

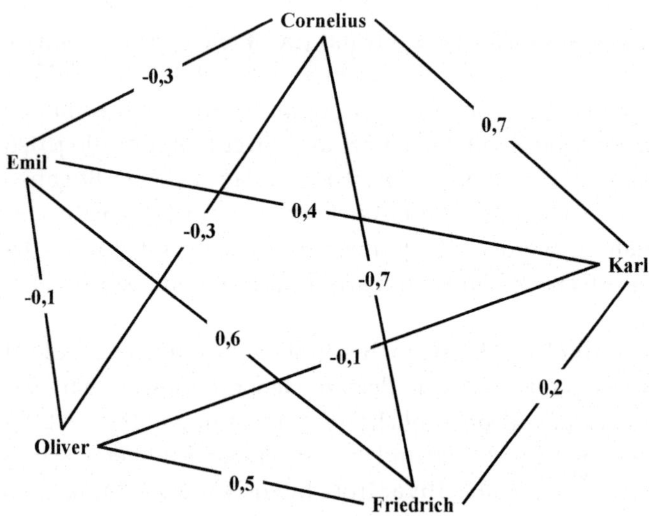

Abbildung 17: Netzwerkgraph

	Emil	Cornelius	Karl	Friedrich	Oliver
Emil	0	-0,3	0,4	0,6	-0,1
Cornelius	-0,3	0	0,7	-0,7	-0,3
Karl	0,4	0,7	0	0,2	-0,1
Friedrich	0,6	-0,7	0,2	0	0,5
Oliver	-0,1	-0,3	-0,1	0,5	0

Tabelle 16: Adjazenzmatrix *A*

Diese Sympathien sind allerdings nur statisch und wurden von Dirk zu einem Zeitpunkt beobachtet, an dem sich die Kinder bislang primär bilateral ausgetauscht haben. Nun sind sie alt genug, um auf dem Spielplatz den multilateralen Austausch zu pflegen, und die Effekte des gesamten Netzwerks beginnen zu wirken. Um nun zu berechnen, wie sich die bilateralen Sympathien x_{ij} zwischen Baby i und j über die Zeit ändern, muss Dirk den Einfluss der anderen Babys berücksichtigen. So hat ein drittes Baby k einen positiven Einfluss auf eine bestimmte Beziehung, wenn Babys i und j mit ihm befreundet oder verfeindet sind. Wenn aber nur eines der Babys mit k befreundet ist, so verringert dies die Sympathie zwischen i und j. Die Summe dieser Einflüsse ergibt sich durch das Quadrat der Matrix A; die Änderungsrate lässt sich durch eine Differentialgleichung wie folgt darstellen:

$$A(t) = A(0) \cdot (I - A(0) \cdot t)^{-1},$$

wobei $A(t)$ die Adjazenzmatrix zum Zeitpunkt t, $A(0)$ die ursprüngliche Adjazenzmatrix aus Tabelle 16 und I die Einheitsmatrix beschreibt. Diese Darstellung der dynamischen Netzwerkstrukturen gilt allerdings nur bis zu einem Maximalwert von t, der sich über den Konvergenzradius der Form $R = \lambda^{-1}$ ergibt, wobei λ der größte Eigenwert der Matrix A ist. In unserem Fall liegt dieser bei $\lambda = 1{,}269$, woraus sich ein maximaler Zeitraum von abgerundet t=0,7 ergibt. Fügen wir nun die Werte entsprechend in die Formel ein, so ergibt sich der in Abbildung 18 dargestellte Verlauf der Sympathiewerte.

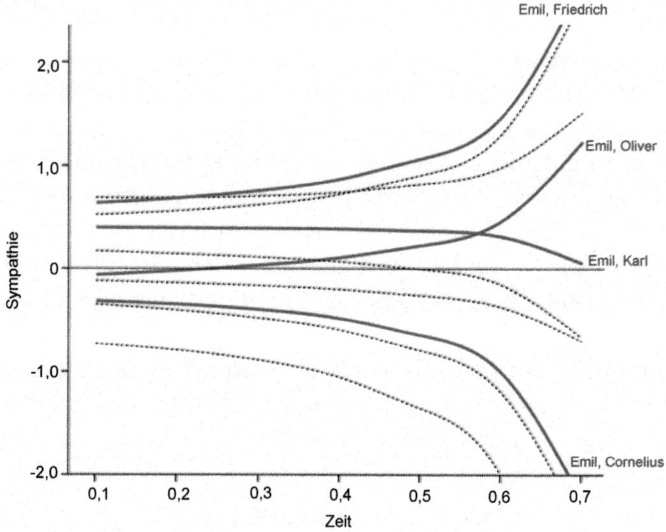

Abbildung 18: Verlauf der Sympathiewerte

Betrachten wir den Verlauf der Sympathiewerte, so wird schnell ersichtlich, dass sich die bereits bestehende Freundschaft zu Friedrich verstärkt, was durch die beiderseitig ausgeprägte Antipathie gegenüber Cornelius begründet sein dürfte. Wenig überraschend entwickelt sich die Beziehung zu Cornelius im Zeitverlauf extrem negativ. Hier ist also Hopfen und Malz verloren, so dass Dirk keinerlei Aufwand in die Verbesserung dieser Verbindung investieren sollte. Ähnlich enttäuschend entwickelt sich die zunächst positive Beziehung zu Karl, der allerdings eine innige Freundschaft zu Cornelius pflegt. Dies führt langfristig zur Abkühlung der Beziehung zwischen ihm und Emil. Eine herbe Enttäuschung, die Dirk mit sofortigem Verteilungsstopp von Reiswaffeln und Apfelecken an Karl quittiert. Im Gegensatz hierzu entwickelt sich die Beziehung zu Oliver nach einem etwas holprigen Start sehr positiv. Hier sollte Dirk regulierend eingreifen und diese Beziehung durch kleine Aufmerksamkeiten, Komplimente und Einladungen pflegen.

So weit, so gut, aber schon bald muss Dirk feststellen, dass der Planbarkeit von Emils Beziehungsgeflechten deutliche Grenzen gesetzt sind. Schon kleinste Unstimmigkeiten beim Teilen von Schaufeln oder anderem Spielzeug führen dazu, dass Emil aufheult wie ein Rasenmäher auf LSD. Wenig überraschend führt dies zu einer sofortigen Änderung in der Adjazenzmatrix, die sich enorm auf die Prognose der Sympathiewerte auswirkt. „Scheinen soziale Beziehungen am Ende doch schlecht planbar zu sein?" denkt Dirk. Welch ein törichter Gedanke!

---

[25] Marvel, S. A., Kleinberg, J., Kleinberg, R. D., Strogratz, S. S. (2011). Continuous-time Model of Structural Balance. *Proceedings of the National Academy of Sciences, 108*(5), 1771-1776.

[26] Wessler, M. (2012). *Von der klassischen Spieltheorie zur Anwendung kooperativer Konzepte,* Gabler: Wiesbaden.

Danke

F(**Danke**) =

Janina Lettow für die großartigen Illustrationen

Friedrich J. Schmidt für die hilfreiche Redigierarbeit

Tobias Schütz für die vielen wertvollen Kommentare und Ergänzungen

Tobias Winter für die Erstellung der Webseite zum Buch

Dirk Engelbertz, *Sebastian Lehmann*, *Christian M. Ringle* und *Marian Schäfer* für ihre wichtigen Hinweise zum Buchkonzept

Malte Fliedner für die Unterstützung bei den Analysen

Robert Gietl (Peg-Pérego) und *Karel Müller* (Škoda) für die Bereitstellung des Bildmaterials

Bernd Stauss für die Inspiration durch sein Buch „Optimiert Weihnachten. Eine Anleitung zur Besinnlichkeitsmaximierung"

Barbara Roscher und *Angela Meffert* (Gabler Verlag) für die Unterstützung bei diesem Buchprojekt

Alexandra Sarstedt für ihre Unterstützung und Liebe

Charlotte, *Maximilian* und *Johannes*, ohne die es dieses Buch nicht gäbe

Über die Autoren

Marko Sarstedt ist Professor für Marketing an der Wirtschaftswissenschaftlichen Fakultät der Otto-von-Guericke-Universität Magdeburg und fest angestellter Vater einer zukünftigen Musicaldarstellerin, eines angehenden Wrestlingstars und eines heranwachsenden Tenors. Die Schwerpunkte seiner Forschungsarbeit liegen in den Bereichen Marktforschungsmethoden und Konsumentenverhalten. In seiner Freizeit führt er gerne ethnographische Untersuchungen zur Spielplatznutzung und Beobachtungsstudien zum Laufradfahren durch.

Die Illustratorin ließ sich sowohl durch die charmant humorvollen Texte zu den Bildern inspirieren als auch durch eigene Erfahrungen im „Babymanagement". Das auf Kochtöpfen trommelnde Kind ist ihr wohlbekannt und sitzt häufiger in ihrer Küche. Für Frauen die auch mit Kindern attraktiv und aktiv leben wollen, blogt die zweifache Mama und studierte Designerin **Janina Dorothea Lettow** auf www.mum-me.de.

Betriebswirt und Webmaster **Tobias Winter** unterstützt Baby Emil bei der Umsetzung seiner Website. Somit erscheint und erfreut Emil nicht nur im Bücherregal, sondern auch im Internet.

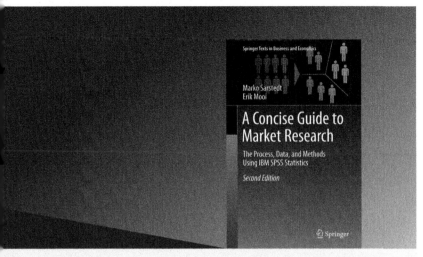

Printed by Printforce, the Netherlands